电子信息类实验实训系列规划教材

数字电子技术
实验实训与仿真教程

严文娟　夏　锴　李金田　郝正同　编著

中国科学技术大学出版社

内 容 简 介

本书根据应用型本科数字电子技术实验教学大纲的要求,并结合高等院校理工科学生的技能培养实际情况,在多年教学实践的基础上编写而成。实验实训内容安排符合数字电子技术理论课教学的基本要求,遵循由浅入深、循序渐进的教学规律,包含数字电子技术课程的特点及学习方法、数字电子技术实验基础、数字电子技术课程设计、Multisim 软件的使用、基础实验项目和实训案例项目 6 章。基础实验项目涵盖了数字电子技术课程的基本内容,实训案例项目提供了大量的实训案例。

本书可作为高等院校电子信息类、计算机类、物理类等专业数字电子技术实验和数字电子课程设计的教材,也可作为广大从事数字电子技术方面研究的工程技术人员的参考书。

图书在版编目(CIP)数据

数字电子技术实验实训与仿真教程/严文娟等编著. —合肥:中国科学技术大学出版社,2023.10
ISBN 978-7-312-05706-9

Ⅰ.数… Ⅱ.严… Ⅲ.数字电路—电子技术—实验—高等学校—教材 Ⅳ.TN79-33

中国国家版本图书馆 CIP 数据核字(2023)第 112648 号

数字电子技术实验实训与仿真教程
SHUZI DIANZI JISHU SHIYAN SHIXUN YU FANGZHEN JIAOCHENG

出版	中国科学技术大学出版社
	安徽省合肥市金寨路 96 号,230026
	http://press.ustc.edu.cn
	https://zgkxjsdxcbs.tmall.com
印刷	安徽省瑞隆印务有限公司
发行	中国科学技术大学出版社
开本	710 mm×1000 mm　1/16
印张	16.25
字数	307 千
版次	2023 年 10 月第 1 版
印次	2023 年 10 月第 1 次印刷
定价	56.00 元

前　言

本书根据应用型本科数字电子技术实验教学大纲的要求，并结合高等院校理工科学生的技能培养实际情况，在多年教学实践的基础上编写而成。

实验实训内容安排符合数字电子技术理论课教学的基本要求，遵循由浅入深、循序渐进的教学规律，包含数字电子技术课程的特点及学习方法、数字电子技术实验基础、数字电子技术课程设计、Multisim 软件的使用、基础实验项目和实训案例项目 6 章。基础实验项目涵盖了数字电子技术课程的基本内容，实训案例项目提供了大量的实训案例。书中提供了项目化单元电路的 Multisim 仿真电路图，可以通过扫描二维码的方式获得全部的 Multisim 仿真源文件。同时基础实验项目明确了学生的预习报告和实验报告的具体内容，以便检验学生实验前与实验后的学习效果。

本书主要围绕具体的应用实例，将数字电子技术中的多个知识点有机地融合在一起，以培养学生设计小型数字系统的能力。

本书可作为高等院校电子信息类、计算机类、物理类等专业数字电子技术实验和数字电子技术课程设计的教材，也可作为广大从事数字电子技术方面研究的工程技术人员的参考书，尤其适合学生自学，可以很好地培养学生自主实验实训的能力。

参与本书编写的人员除了长江师范学院的骨干教师外，还有广州粤嵌通信科技股份有限公司的冯宝祥，他提供了相应的案例材料。第 1、2、3 章由李金田编写，第 4 章由夏锴编写，第 5、6 章由严文娟、夏锴、郝正同和李金田共同编写。严文娟负责全书的策划和统稿。

编　者

2023 年 3 月

目　　录

第1章　数字电子技术课程的
特点及学习方法

1.1　数字电子技术课程的特点

数字电子技术是电气、电子信息类专业的一门重要技术基础课程。其目的在于使学生掌握数字电子技术方面的基本理论、基本知识和基本技能，为后续学习电子技术某些领域中的内容以及电子技术的应用打好基础。

数字电子技术课程的特点主要体现在以下几个方面：

(1) 数字电子技术主要研究内容：数字信号的产生、变换、传输和存储。

(2) 数字电路主要研究问题：电路的输入与输出之间的逻辑关系，即电路的逻辑功能。描述电路逻辑功能的主要方法：真值表、逻辑函数表达式、逻辑图、波形图（也称为时序图）、卡诺图和 HDL 描述。主要分析工具：逻辑代数。

(3) 数字电路中基本元件的工作状态：对于 MOS 管，通常工作在截止区或变电阻区，恒流区是一种过渡状态；对于 BJT 管，通常工作在截止区或饱和区，放大区是一种过渡状态。

(4) 数字电路中最基本的单元：逻辑门。逻辑门可分为 CMOS 系列和 TTL 系列。

(5) 根据电路的结构特点及其对输入信号响应规则的不同，数字电路可分为组合逻辑电路和时序逻辑电路。

(6) 数字电路的种类很多，其典型的逻辑电路包括：

① 组合逻辑器件：编码器、译码器、加法器、数值比较器、数据选择器、数据分配器等。

② 时序逻辑器件：寄存器、计数器等。

③ 数字信号产生及变换器件：振荡器、数/模转换器、模/数转换器。

1.2 数字电子技术的学习方法

1.2.1 数字电子技术课程单元

数字电子技术课程单元总体上可分为以下五个部分：

(1) 数字电路的分析与设计工具：逻辑代数。

(2) 数字电路的基本单元电路：门电路和触发器。

(3) 组合逻辑电路或时序逻辑电路的分析与设计。

(4) 各种典型逻辑电路的结构、性能和工作原理。

(5) 存储器和可编程逻辑器件。

1.2.2 数字电子技术课程的学习方法

根据数字电子技术课程的特点，其学习方法总结如下：

1. 注重基本概念、基本原理、基本分析和设计方法

随着电子技术的快速发展，各种用途的数字电路千变万化，但具有共同的特点：其基本原理、基本分析与设计方法是相通的。学习过程中不能死记硬背各种电路，而是要掌握其基本概念、基本原理、基本分析和设计方法，才能对给出的任意一种电路进行分析，或者根据设计要求设计出满足实际需要的数字电路。

2. 抓重点，注重典型电路的外特性

数字集成电路的种类很多，各种数字集成电路的内部结构及内部工作过程千差万别，特别是大规模数字集成电路的内部结构更为复杂。学习此部分内容时，没有必要全部记住它们，主要目的在于了解电路结构特点，熟悉其工作原理，重点掌握典型电路的外特性（主要是输入和输出之间的逻辑功能）和使用方法，正确选用各类集成电路从而满足实际逻辑设计需求。

3. 善于归纳总结

数字电子技术课程中有很多必须掌握的典型单元电路，它们是构成数字系统的部件。要掌握它们的逻辑功能、结构特点及应用背景，并归纳总结，从而掌握其本质。如在组合逻辑电路中,可采用译码器和数据选择器来实现逻辑函数,但两者是有区别的。一个是 n 位二进制输入端的译码器,只能用于产生变量数不大于 n 的组合逻辑函数,可以附加门电路,实现多个输出的组合逻辑电路。另一个是 n 位地址输入端的数据选择器,可以实现变量数大于 n 的组合逻辑函数,但只能实现单个输出的逻辑函数。

4. 理论联系实际,重视实践环节

数字电子技术课程学习的最终落脚点是对实际电路的分析和设计。经过理论分析和计算得到的设计结果,还必须搭建实际电路进行测试,以检验是否满足设计要求。由于电子器件的电气特性具有分散性,理论设计的正确电路在实际应用中也会出现意想不到的现象。如采用计数器74X161和一些门电路组合设计的六十进制计数译码显示电路,即使理论设计和线路连接没有问题,但在实验中可能出现由竞争-冒险产生的错误计数结果,此时就要消除竞争-冒险隐患,才能得到正确的计数结果。

5. 注意新技术的学习

电子技术的发展是以电子器件发展为基础,当今世界,随着科学技术和制造工艺的快速发展,电子器件的更新换代速度很快,新器件层出不穷,旧器件随时都会被淘汰。

可编程逻辑器件的迅速发展使数字电路或系统的实现更灵活,且可靠性更高、功耗更低、体积更小。可编程逻辑器件的使用离不开 EDA 软件。EDA 已成为从事电子电路设计人员必须掌握的技术,也是培养分析问题能力和创新能力的一个重要环节,为此,电子技术课程必须注意新技术的学习。

第 2 章 数字电子技术实验基础

2.1 数字集成电路器件简介

2.1.1 数字集成电路发展史

数字集成电路的历史和发展与计算机的历史和发展密切相关。

1. 机械式计算机的启蒙时代

早期的计算工具有算筹和算盘、计算尺、手摇式计算器、法国数学家帕斯卡(Pascal)发明的钟表式齿轮计算机、莱布尼茨乘法器、巴贝厅微分器等。1703 年，德国数学家莱布尼茨(Gottfried Leibniz)的论文《谈二进制算术》发表在《皇家科学院论文集》上。1832 年，英国数学家巴贝奇(Charles Babbage)制造了一台用于计算航行时间表的自动计算机器"差分机一号"(Difference Engine No.1)，如图2.1.1 所示，该机器被公认为现代计算机的先驱。1848 年，英国数学家布尔(George Boole)提出了一种特殊的代数，即布尔代数。布尔代数为数字逻辑设计发展奠定了坚实的科学基础，也成了计算机科学的理论基础。

2. 电子技术和半导体技术的诞生

1904 年，世界上第一只电子管在英国物理学家弗莱明(J. Fleming)的手中诞生，电子管如图2.1.2 所示。人类第一只电子管的诞生，标志着世界从此进入了电子时代。20 世纪 40 年代到 70 年

图 2.1.1 差分机一号

代,电子技术和半导体技术的突飞猛进为数字设计的发展提供了新的舞台。

20世纪40年代,宾夕法尼亚大学莫尔学院的莫尔小组发明了世界上第一台电子数字计算机 ENIAC,如图 2.1.3 所示。这部计算机采用真空电子管工艺制造,由近 18000 个电子管、15000 个继电器、60000 个电阻器、10000 个电容器和 6000 个开关组成,重达 30 t,占地 160 m^2,耗电 174 kW,耗资 45 万美元。

图 2.1.2　真空电子管　　　　　图 2.1.3　第一台电子数字计算机 ENIAC

20世纪50年代,威廉·肖克利(William Shockley)发明了世界上第一个双极型晶体管,如图 2.1.4 所示。1958 年,德州(Texas Instruments)的工程师杰克·基尔比(Jack Kilby)发明了第一块集成电路,该集成电路集成了 1 个晶体管、1 个电容、1 个电阻,如图 2.1.5 所示。

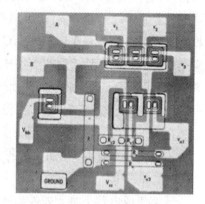

图 2.1.4　第一个双极型晶体管　　　图 2.1.5　第一块集成电路

3. 集成度的迅猛发展

中小规模集成电路时代(1964—1975 年):此时一个芯片内集成的晶体管数量还相当有限,实现的仅限于简单地完成基本处理功能的逻辑门一级的电路,以及简单的触发器、寄存器之类的电路,故被称为中规模集成电路(Medium Scale Integration,MSI)、小规模集成电路(Small Scale Integration,SSI)。

大规模和超大规模集成电路时代(1975—1990 年):半导体器件生产工艺的改进,使得在一片半导体基片上,可以生产出数量更多的晶体管,就形成了大规模集成电路(Large Scale Integration,LSI)和超大规模集成电路(Very Large Scale Integration,VLSI)。

甚大规模和极大规模集成电路时代(1990 年—):单个芯片内的晶体管数量达到百万个时称为甚大规模集成电路(Ultra Large Scale Integration,ULSI);达到一亿个时称为极大规模集成电路(Extremely Large Scale Integration,ELSI)。

摩尔定律:英特尔(Intel)创始人之一戈登·摩尔(Gordon Moore)提出,当价格不变时,集成电路上可容纳的元器件的数目,每隔 18～24 个月便会增加一倍,性能也将提升一倍。

4. 我国数字集成电路的发展

世界上第一块集成电路出现在 1958 年,而我国集成电路的研制工作在 1963 年才刚刚开始。最初几年,我国只能生产一些小规模的 TTL 集成电路器件,由于没有标准可循,产品无法实现规范化。1971—1979 年,我国陆续制定了质量评定标准及 TTL、HTL、ECL、CMOS 等系列器件标准,但限于当时的设备条件和工艺水平,所生产的器件难以与国外通用器件相比,所以随着技术的不断进步,这些器件就被淘汰了。

1979 年后我国优选国外通用器件作为标准,以指导集成电路制造者和使用者的选型,这些品种的质量评定符合国际电工委员会的规定。

随着我国改革开放的深入,国产数字集成电路得到了快速的发展。目前国产数字集成电路主要有 TTL、ECL、CMOS 三类产品,其中 TTL 和 CMOS 是产量大、应用广泛的主流产品。这两类集成电路围绕速度、功耗等关键性指标展开激烈的竞争,因此得到了迅速的发展。而使用者在设计和搭建数字电路时,上述三类产品可以相互补充,发挥各自所长,获得最佳使用效果。

2.1.2 数字集成电路的分类

数字集成电路是将元器件和连线集成于同一半导体芯片上而制成的数字逻辑电路或系统。目前生产和使用的数字集成电路种类众多,可从制造工艺、输出结构、集成规模、逻辑功能四个方面进行分类。

1. 按制造工艺分

数字集成电路按制造工艺分为厚膜集成电路、薄膜集成电路、混合集成电路、半导体集成电路四大类,如图 2.1.6 所示。

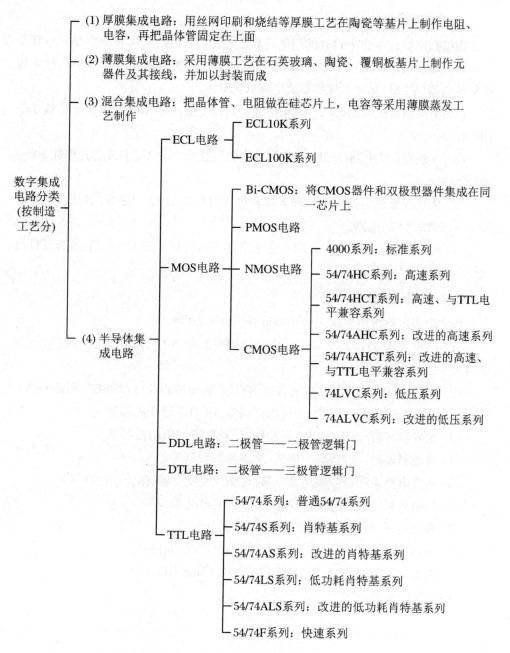

图 2.1.6　数字集成电路按制造工艺分类

2. 按输出结构分

数字集成电路按输出结构的不同可分为互补输出/推拉式输出、OD 输出/OC

输出、三态输出三大类。

3. 按集成规模分

根据数字集成电路中包含的门电路数量或元、器件数量,可将数字集成电路分为小规模集成电路(SSI)、中规模集成电路(MSI)、大规模集成电路(LSI)、超大规模集成电路(VLSI)和甚大规模集成电路(ULSI)。

(1) 小规模集成电路(SSI):通常指含逻辑门个数小于 10 门(或含元件数小于 100 个)的电路。

(2) 中规模集成电路(MSI):通常指含逻辑门数为 10~99 门(或含元件数 100~999 个)的电路。

(3) 大规模集成电路(LSI):通常指含逻辑门数为 1000~9999 门(或含元件数 1000~99999 个)的电路。

(4) 超大规模集成电路(VLSI):通常指含逻辑门数大于 10000 门(或含元件数大于 100000 个)的电路。

4. 按逻辑功能分

数字集成电路按逻辑功能的不同可分为以下 10 种:

(1) 门电路系列:与门、或门、非门、与非门、或非门、同或门、异或门、与或非门。

(2) 编码/译码器系列:二进制普通编码器、普通编码器(8421BCD 码编码器)、优先编码器;二进制译码器、二-十进制译码器、BCD-7 段译码器等。

(3) 触发器/锁存器系列:RS 触发器、D 触发器、JK 触发器等。

(4) 计数器系列:二进制、十进制、N 进制计数器等。

(5) 运算电路系列:加/减运算电路、奇偶校验发生器、幅值比较器等。

(6) 时基系列:定时电路、单稳态电路、延时电路等。

(7) 模拟电子开关系列:数据选择器、数据分配器。

(8) 寄存器系列:基本寄存器、移位寄存器(单向、双向)。

(9) 存储器系列:RAM、ROM、EEPROM、Flash ROM 等。

(10) CPU 系列。

2.2　数字集成电路的主要特点

世界上生产最多、使用最广的为半导体集成电路。半导体集成电路(以下简称数字集成电路)主要分为 TTL、CMOS、ECL 三大类。

2.2.1　双极型集成电路结构特点

ECL、TTL 为双极型集成电路,构成的基本器件为双极型半导体器件,其主要特点是速度快、负载能力强,但功耗较大、集成度低。

双极型集成电路主要有 TTL(Transistor-Transistor Logic)电路、ECL(Emitter Coupled Logic)电路和 $I^2 L$(Integrated Injection Logic)电路等类型。其中 TTL 电路的性能价格比最佳,故应用最广泛。

ECL 电路,即发射极耦合逻辑电路,也称为电流开关型逻辑电路。它是利用运放原理,通过晶体管发射极耦合实现的门电路。在所有数字电路中,它工作速度最高,其平均延迟时间 t_{pd} 可小至 1 ns。这种门电路输出阻抗低,负载能力强。其主要缺点是抗干扰能力差,电路功耗大。

2.2.2　单极型集成电路结构特点

MOS 电路为单极型集成电路,又称为 MOS 集成电路,采用金属氧化物半导体场效应管(Metal Oxide Semi-conductor Field Effect Transistor,MOSFET)制造,其主要特点是结构简单、制造方便、集成度高、功耗低,但速度较慢。

MOS 集成电路又分为 PMOS(P-channel Metal Oxide Semiconductor)、NMOS(N-channel Metal Oxide Semiconductor)和 CMOS(Complementary Metal Oxide Semiconductor)等类型。PMOS 是以 P 沟道 MOS 场效应晶体管为基本元件的集成电路;NMOS 是以 N 沟道 MOS 场效应晶体管为基本元件的集成电路;CMOS 是以 N 沟道和 P 沟道场效应晶体管复合互补构成的集成电路。

MOS 电路中应用最广泛的为 CMOS 电路,CMOS 数字电路中应用最广泛的为 4000 系列和 4500 系列,不但适用于通用逻辑电路的设计,而且综合性能也很好。

CMOS 数字集成电路主要分为 4000 系列(4500 系列)、54HC/74HC 系列、54HCT/74HCT 系列等,实际上这三大系列之间的引脚功能、排列顺序是相同的,只是某些参数不同而已。如 74HC4017 与 CD4017 为功能相同、引脚排列相同的电路,前者的工作速度高,工作电源电压低。4000 系列中目前最常用的是 B 系列,它采用了硅栅工艺和双缓冲输出级。

Bi-CMOS 是双极型 CMOS(Bipolar-CMOS)电路的简称,这种门电路的特点是逻辑部分采用 CMOS 结构,输出级采用双极型三极管,因此兼有 CMOS 电路的低功耗和双极型电路的低输出阻抗的优点。

综上所述，TTL 系列、CMOS 系列通用性最强、应用最广泛，是数字集成电路中的两大主流产品。

2.3 数字集成电路的命名规则

2.3.1 我国集成电路的型号命名方法

国家标准 GB 3430—89《半导体集成电路型号命名方法》，规定了我国半导体集成电路各个品种和系列的命名方法。1977 年我国选取了与国际 54/74TTL 电路系列完全一致的品种作为优选系列品种，并于 1982 年颁布了 GB 3430—82《半导体集成电路型号命名方法》，于 1988 年 7 月进行了第一次修订，即 GB 3430—89。

表 2.3.1 中列出了国家标准 GB 3430—89，器件的型号命名由 5 部分组成，各个组成部分的符号及意义如表 2.3.1 所示。

表 2.3.1 半导体集成电路型号命名方法（国家标准 GB 3430—89）

第一部分 国标		第二部分 电路类型		第三部分 电路系列 和代号	第四部分 温度范围		第五部分 封装形式	
字母	含义	字母	含义		字母	含义	字母	含义
C	中国制造	B	非线性电路	用数字或数字与字母混合表示集成电路系列和代号	C	0～70 ℃	B	塑料扁平
		C	CMOS 电路				C	陶瓷芯片集成封装
		D	音响、电视电路				D	多层陶瓷双列直插
		E	ECL 电路		G	−25～70 ℃	E	塑料芯片载体封装
		F	线性放大器					
		H	HTL 电路				F	多层陶瓷扁平
		J	接口电路		L	−25～85 ℃	G	网格阵列封装
		M	存储器					
		W	稳压器		E	−40～85 ℃	H	黑瓷扁平
		T	TTL 电路				J	黑瓷双列直插封装

续表

第一部分 国标		第二部分 电路类型		第三部分 电路系列 和代号	第四部分 温度范围		第五部分 封装形式	
字母	含义	字母	含义	用数字或数字与字母混合表示集成电路系列和代号	字母	含义	字母	含义
C	中国制造	μ	微型机电路		R	−55～85 ℃	K	金属菱形封装
		A/D	A/D 转换器				P	塑料双列直插封装
		D/A	D/A 转换器					
		SC	通信专用电路		M	−55～125 ℃	S	塑料单列直插封装
		SS	敏感电路				T	金属圆形封装
		SW	钟表电路					

举例说明：

例 1 低功耗肖特基 TTL 2 输入 4 与非门,如图 2.3.1 所示。

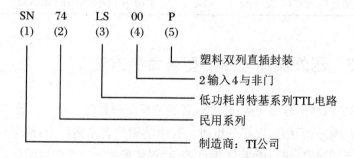

图 2.3.1 SN74LS00P 的命名法

例 2 CMOS 2 输入 4 与非门,如图 2.3.2 所示。

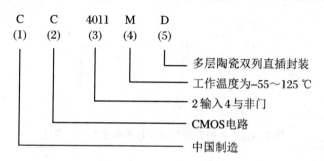

图 2.3.2 CC4011MD 的命名法

2.3.2　国外部分公司及产品代号

国外部分公司及产品代号如表2.3.2所示。

表2.3.2　国外部分公司及产品代号

公司名称	产品代号	公司名称	产品代号
美国无线电公司(RCA)	CA	日本电气公司(NEC)	μPC
美国国家半导体公司(NSC)	LM	日本日立公司(HIT)	HA、HD
美国摩托罗拉公司(MOTOROLA)	MC	日本东芝公司(TOS)	TA
美国仙童公司(FSC)	μA	日本三洋公司(SANYO)	LA、LB
美国德克萨斯仪器公司(TI)	TL、SN	日本索尼公司(SONY)	BX、CX
美国模拟器件公司(ADI)	AD	日本松下公司(PANASONIC)	AN
美国英特尔公司(INTEL)	IC	日本三菱公司(MITSUBISHI)	M
美国悉克尼特公司(SIC)	NE	德国西门子公司(SIEMENS)	T

2.3.3　国外集成电路的型号命名方法

国外集成电路型号尚无统一标准,各制造厂商都有自己的一套命名方法,但一般都由前缀、编号、后缀三大部分组成。其中前缀代表制造厂商;编号包括产品系列号、器件系列号;后缀一般表示 温度等级、封装形式等。举例说明如下:

1. 美国无线电公司

美国无线电公司(RCA)的集成电路型号命名法如图2.3.3所示。

图2.3.3　美国无线电公司集成电路型号命名法

各部分的含义如下:

(1) 第一部分:器件类型,用字母表示。

其中,CA—线性集成电路;CD—数字集成电路;CDP—微处理器集成电路;

MWS—CMOS LSI。

（2）第二部分：器件编号和类别，用数字加字母表示。数字表示集成电路编号；字母表示集成电路类别。

其中，A—改进型，可与原型互换；B—改进型，可与原型和 A 型互换；C—改进型，可与原型、A 型和 B 型互换。

（3）第三部分：器件封装形式，用字母表示。

其中，D—陶瓷双列直插式；E—塑料双列直插式；F—陶瓷双列直插，熔结密封；G—以塑封装的密封芯片；H—芯片；K—陶瓷扁平封装；L—梁式引线器件；Q—四列直插封装塑料封装；S—具有 DIL/CAN 的 TO-5 型封装；T—TO-5 型封装。

例如：CD4001BD 的逻辑功能为 2 输入 4 或非门。美国无线电公司生产的数字集成电路，改进型，可与原型和 A 型互换，陶瓷双列直插封装。

2．美国模拟器件公司

美国模拟器件公司（ADI）的集成电路型号命名法如图 2.3.4 所示。

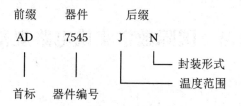

图 2.3.4 美国模拟器件公司集成电路型号命名法

型号组成部分的符号和数字的含义如下：

（1）首标：AD—模拟器件；HA—混合 A/D；HD—混合 D/A。

（2）温度范围：I、J、K、L、M—0～70 ℃（商用范围）；A、B、C——25～85 ℃（工业范围）；S、T、U——55～125 ℃（军用范围）。

（3）封装形式：D—陶瓷双列直插封装；F—陶瓷扁平封装；H—TO-5 型管壳封装；N—塑料双列直插封装。

例如：AD7545JN 是一款单芯片 12 位 CMOS 乘法 DAC，片上集成数据锁存器。美国模拟器件公司生产，温度范围为 0～70 ℃，塑料双列直插封装。

3．日本日立公司

日本日立公司（HIT）生产的集成电路由五部分组成，如图 2.3.5 所示。

型号组成部分的符号和数字的含义如下：

（1）种类：HA—模拟电路；HD—数字电路；HM—存储器电路；HN—ROM电路。

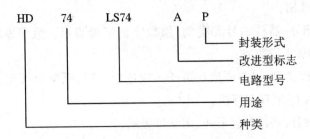

图 2.3.5 日本日立公司集成电路型号命名法

（2）用途：11、12—高频；13、14—低频；17—工业；54—军用；74—民用。

（3）改进型标志：A、B、C 等。

（4）封装形式：P—塑料封装；M—金属封装；C—陶瓷封装；R—引脚反接。

例如：HD74LS74AP 的逻辑功能是双 D 触发器。日本日立公司生产，民用双 D 触发器，改进型，塑料封装。

2.4 国际数字集成电路规范

2.4.1 集成电路前缀

1. TTL 集成电路前缀

国内外生产的 TTL 集成电路部分生产公司及其产品型号前缀如表 2.4.1 所示。

表 2.4.1 TTL 集成电路型号前缀

国别	公司名称	代号	型号前缀
中国			CT…
美国	德克萨斯仪器公司	TEXAS	SN…
美国	摩托罗拉公司	MOTOROLA	MC…
美国	国家半导体公司	NATIONAL	DM…
日本	日立公司	HITACHI	HD…

续表

国别	公司名称	代号	型号前缀
日本	东芝公司	TOSJ	TC…
日本	日本电气公司	NEC	μPD…
日本	士通公司		MB…
荷兰	飞利浦公司		HFE…
加拿大	密特尔公司		MD…

2. CMOS 集成电路前缀

国内外生产的 CMOS 集成电路部分生产公司及其产品型号前缀如表 2.4.2 所示。

表 2.4.2　CMOS 集成电路型号前缀

国别	公司名称	代号	型号前缀
中国			CC…
美国	美国无线电公司	RCA	CD…
美国	摩托罗拉公司	MOTA	MC…
美国	国家半导体公司	NSC	CD…
美国	仙童公司	FSC	F…
美国	德克萨斯仪器公司	TI	TP…

2.4.2　集成电路规范

1. TTL 器件

5400/7400 系列是国外最流行的通用器件,7400 系列器件为民用品,而 5400 系列器件为军用品,两者之间的差别仅在温度范围方面,即 7400 系列工作温度为 $-40\sim85\,^{\circ}\!C$,5400 系列工作温度为 $-55\sim125\,^{\circ}\!C$。

TTL 器件分为六大类,如表 2.4.3 所示。该表是 7400 系列的分类情况,若将表中 74 换成 54,就是 5400 系列的分类表。

表 2.4.3　TTL 器件分类

种类	字头	举例
标准型	74—	7420、74193
肖特基	74S—	74S20、74S193
低功耗肖特基	74LS—	74LS20、74LS193
先进肖特基	74AS—	74AS20
先进低功耗肖特基	74ALS—	74ALS20
快速	74F—	74F20、74F193

2. CMOS 器件

4000 系列中,前缀为 MC 的产品,则标为 MC14000,40000 系列为互补场效应管系列;54/74HC、54/74HCT、54/74AHC、54/74AHCT 及 54/74HCU 系列为高速 CMOS 电路。

以上各系列(TTL 器件或 CMOS 器件)的型号左边都有字母串,代表该产品是哪个公司生产的,如 SN7420 中的 SN 代表美国德克萨斯仪器公司的 TTL 产品。

2.5　数字集成电路各种系列

2.5.1　TTL 数字集成电路各种系列

以 TI 公司生产的 TTL 产品为例,这些最初生产的 TTL 电路命名为 SN54/74系列,也称为 TTL 基本系列。随着生产工艺水平的不断提高,同时为了满足提高工作速度和降低功耗的需要,继 54/74 系列之后又相继生产了 74H、74L、74S、74AS、74LS、74ALS、74F 等改进系列。

1. 74H/74L 系列

(1) 74H 系列

74H(High-speed TTL)系列,是在基本系列的基础上,通过减小电路中各个电阻的阻值,缩短了传输延迟时间,提高了速度,但同时也增加了功耗。

（2）74L 系列

74L（Low-power TTL）系列，是在基本系列的基础上，通过增大电路中各个电阻的阻值，降低了功耗，但是增加了传输延迟时间。

可见，以上两种改进系列都不能满足既降低功耗又减少传输延迟时间的要求。如果用传输延迟时间和功耗的乘积（delay-power product，简称 dp 积）来表示门电路的综合性能，那么 74H 和 74L 系列的 dp 积并未减小，说明它们的综合性能并未得到改善。因此，这两个器件都不是理想器件。

2. 74S/74AS 系列

（1）74S 系列

74S（Schottky TTL）系列又称为肖特基系列。此系列门电路中的三极管采用的是抗饱和三极管（或称为肖特基钳位三极管——Schottky-Clamped Transistor）。抗饱和三极管是由普通的双极型三极管和肖特基势垒二极管（Schottky Barrier Diode，简称 SBD）组合而成的。由于 SBD 的开启电压很低，只有 $0.3\sim0.4$ V，所以，当三极管的 bc 结正向偏置后，SBD 首先导通，并将 bc 结的正向电压钳位为 $0.3\sim0.4$ V，使 V_{CE} 保持在 0.4 V 左右，从而有效地制止了三极管进入深度饱和状态。

三极管导通时工作在深度饱和状态是产生传输延迟时间的一个主要原因，而 74S 系列采用的抗饱和三极管工作在浅饱和状态，大大缩短了传输延迟时间，从而提高了工作速度。

74S 系列电路结构的另一个特点是用有源电路代替 74 系列中 VT_2 的发射结电阻，为 VT_3 管的发射结提供一个有源泄放回路（具体电路参见理论教材），从而加速了 VT_3 的导通过程及从导通变为截止的过程。

另外，引入了有源泄放回路还改善了门电路的电压传输特性。所以，74S 系列门电路的电压传输特性上没有线性区，更接近于理想的开关特性。而 74S 系列门电路的阈值电压也比 74 系列要低一些，这是因为 VT_1 为抗饱和三极管，它的 bc 之间存在 SBD，所以 VT_3 开始导通所需的输入电压比 74 系列门电路要低一些，约为 1 V。

74S 系列门电路由于采用抗饱和三极管以及较小的电阻值，同时也带来了缺点：一是电路的功耗增大了；二是输出管 VT_3 脱离了深度饱和状态，导致了输出低电平的升高（最大值在 0.5 V 左右）。

（2）74AS 系列

74AS（Advanced Schottky TTL）系列是为了进一步缩短传输延迟时间而设计的改进系列。在此系列的电路中采用了更低的电阻阻值，从而提高了工作速度。

其缺点同样是功耗大,比 74S 系列的功耗略大一些。

3. 74LS/74ALS 系列

(1) 74LS 系列

74LS(Low-power Schottky TTL)系列(也称为低功耗肖特基系列),是为了既能提高速度又能降低功耗,即能得到更小的延迟-功耗积,在 74S 系列的基础上进一步开发的。

此系列电路结构中,为了降低功耗,大幅度地提高了电路中各个电阻的阻值。74LS 系列门电路的功耗仅为 74 系列的五分之一,74H 系列的十分之一。为了缩短传输延迟时间、提高工作速度,沿用了 74S 系列提高工作速度的两个方法:使用抗饱和三极管和引入有源泄放回路。同时,还将输入端的多发射极三极管用 SBD 代替,因为这种三极管没有电荷存储效应,有利于提高工作速度。此外,为进一步加速电路开关状态的转换过程,又接入了 VD_3、VD_4 这两个 SBD(具体电路参见文献[2])。由于采取了这一系列措施,虽然电路阻值增大了很多,但传输延迟时间仍可达到 74 系列的水平。而最主要的是,74LS 系列的延迟-功耗积仅为 74 系列的五分之一,74S 系列的三分之一。

另外,74LS 系列电路的电压传输特性与 74S 系列相同,也没有线性区,而阈值电压也要比 74 系列低,与 74S 系列相同,约为 1 V。

(2) 74ALS 系列

74ALS(Advanced Low-power Schottky TTL)系列是为了获得更小的延迟-功耗积而设计的改进系列,它的延迟-功耗积是 TTL 电路所有系列中最小的。为了降低功耗,电路中采用了较高的电阻阻值。同时,通过改进生产工艺缩小了内部各个器件的尺寸,获得了减小功耗、缩短延迟时间的双重效果。此外,在电路结构中也进行了局部改进。

4. 74F 系列

74F(Fast TTL)系列在速度和功耗两个方面都介于 74AS 和 74ALS 系列之间。可见,74F 系列的出现给设计人员提供了更加广阔的选择余地。

以 TI 公司生产的不同系列与非门 74××00 为例,列出了各种 TTL 系列电路的主要性能参数,如表 2.5.1 所示。对于不同系列的 TTL 电路产品,只要型号最后的数字相同,它们的逻辑功能就是一样的,但电气性能参数相差很大。所以,在使用时要有目的地进行选择。

表 2.5.1　各种 TTL 系列门电路的性能比较(以 74 系列为例)

参数名称与符号	$74\times\times00$					
	74	74S	74AS	74LS	74ALS	74F
输入低电平最大值 $V_{IL(max)}$/V	0.8	0.8	0.8	0.8	0.8	0.8
输出低电平最大值 $V_{OL(max)}$/V	0.4	0.5	0.5	0.5	0.5	0.5
输入高电平最小值 $V_{IH(min)}$/V	2.0	2.0	2.0	2.0	2.0	2.0
输出高电平最小值 $V_{OH(min)}$/V	2.4	2.7	2.7	2.7	2.7	2.7
低电平输入电流最大值 $I_{IL(max)}$/μA	−1.0	−2.0	−0.5	−0.4	−0.2	−0.6
低电平输出电流最大值 $I_{OL(max)}$/mA	16	20	20	8	8	20
高电平输入电流最大值 $I_{IH(max)}$/μA	40	50	20	20	20	20
高电平输出电流最大值 $I_{OH(max)}$/mA	−0.4	−1.0	−2.0	−0.4	−0.4	−1.0
平均传输延迟时间 t_{pd}/ns	9	3	1.7	9.5	4	3
每个门的功耗/mW	10	19	8	2	1.2	4
延迟-功耗积/pJ	90	57	13.6	19	4.8	12

2.5.2　COMS 数字集成电路各种系列

1. 4000 系列

早期的 CMOS 产品主要是 4000 系列,由于受当时的制造工艺水平及设备条件限制,4000 系列产品的速度较低,其传输时间约为 100 ns,带负载能力较弱,而且不易与当时最流行的逻辑系列——双极型 TTL 相匹配。因此,在多数应用中,4000 系列被后来推出的、能力更强的 CMOS 系列所代替。

2. CMOS 系列

目前投放市场的 CMOS 产品主要有 HC/HCT 系列、AHC/AHCT 系列、VHC/VHCT 系列、LVC 系列、ALVC 系列等。

(1) HC/HCT 系列

HC/HCT(High-Speed CMOS/ High-Speed CMOS,TTL Compatible)是高速 CMOS 逻辑系列的简称。由于在制造工艺上采用了硅栅自对准工艺以及缩短 MOS 管的沟道长度等一系列改进措施,HC 系列产品的传输延迟时间缩短到了 10 ns 左右,仅为 4000 系列的十分之一,并且它的带负载能力也提高到了 4 mA 左右。

HCT 系列在传输延迟时间和带负载能力上基本与 HC 系列相同,区别在于它们的工作电压和对输入信号电平的要求有所不同。HC 系列的工作电压为 2～6 V，使用比较灵活。如果以提高速度为前提，可以选择较高的电源电压；而以降低功耗为主要目标的情况下，可以选用较低的电源电压。

但由于 HC 系列电路要求的输入电平与 TTL 电路的输出电平不相匹配，所以 HC 系列电路不能与 TTL 电路混合使用。HCT 系列的工作电压固定在 5 V，它的输入、输出电平与 TTL 电路的输入、输出电平兼容，所以 HCT 与 TTL 可以混合使用于同一系统。

(2) AHC/AHCT 系列

AHC/AHCT(Advanced High-Speed CMOS/ Advanced High-Speed CMOS, TTL Compatible)是改进的高速 CMOS 逻辑系列的简称。这两种改进的系列与 HC/HCT 相比，工作速度及带负载能力都提高了近一倍，同时又与 HC/HCT 系列产品完全兼容，为使用者带来了极大的便利。因此，AHC/AHCT 系列是目前最受欢迎、应用最广的 CMOS 器件。

AHC/AHCT 系列的区别同 HC/HCT 系列的区别一样，主要表现在工作电压范围和对输入电平的不同要求上。

VHC/VHCT 系列与 AHC/AHCT 系列的主要性能基本相近，由于不是同一公司生产的产品，所以在某些具体的参数上会略有不同。

(3) LVC 系列

LVC 系列是 TI 公司（德州仪器公司）20 世纪 90 年代推出的低压 CMOS (Low-Voltage CMOS)逻辑系列的简称，即低电压 CMOS 电路。LVC 系列不仅能在 1.65～3.3 V 的低电压条件下工作，而且传输延迟时间也缩短至 3.8 ns。同时它又能提供更大的负载电流，在电源电压为 3 V 时，最大负载电流可达 24 mA。

此外，LVC 的输入可以接受高达 5 V 的高电平信号，能够很容易地将 5 V 的电平信号转换为 3.3 V 以下的电平信号，而 LVC 系列所提供的总线驱动电路又能将 3.3 V 以下的电平转换为 5 V 的输出信号，这就为 3.3 V 系统与 5 V 系统之间的连接提供了便捷的解决方案。

(4) ALVC 系列

ALVC(Advanced Low-Voltage CMOS) 系列是 TI 公司于 1994 年推出的改进低压 CMOS 逻辑系列。ALVC 在 LVC 的基础上进一步提高了工作速度，并提供了性能更加优越的总线驱动器件。LVC 和 ALVC 是目前 CMOS 电路中性能最好的两个系列，可以满足高性能数字系统设计的需要。尤其在便携式的移动电子设备中，LVC 和 ALVC 系列的优势更加明显。

表 2.5.2 以 TI 公司生产的不同系列反相器 74××04 为例,列出了各种 CMOS 系列电路的主要性能。对于不同系列的 CMOS 电路产品,只要型号最后的数字相同,它们的逻辑功能就是一样的,但电气性能参数相差很大。所以,在使用时要有目的地进行选择。

表 2.5.2　各种 CMOS 系列门电路的性能比较(以 74 系列为例)

参数名称与符号	74××04					
	74HC	74HCT	74AHC	74AHCT	74LVC	74ALVC
电源电压范围 V_{DD}/V	2~6	4.5~5.5	2~5.5	4.5~5.5	1.65~3.6	1.65~3.6
输入高电平最小值 $V_{IH(min)}$/V	3.15	2	3.15	2	2	2
输入低电平最大值 $V_{IL(max)}$/V	1.35	0.8	1.35	0.8	0.8	0.8
输出高电平最小值 $V_{OH(min)}$/V	4.4	4.4	4.4	4.4	2.2	2.0
输出低电平最大值 $V_{OL(max)}$/V	0.33	0.33	0.44	0.44	0.55	0.55
高电平输出电流最大值 $I_{OH(max)}$/mA	-4	-4	-8	-8	-24	-24
低电平输出电流最大值 $I_{OL(max)}$/mA	4	4	8	8	24	24
高电平输入电流最大值 $I_{IH(max)}$/μA	0.1	0.1	0.1	0.1	5	5
低电平输入电流最大值 $I_{IL(max)}$/μA	-0.1	-0.1	-0.1	-0.1	-5	-5
平均传输延迟时间 t_{pd}/ns	9	14	5.3	5.5	3.8	2
输入电容最大值 C_I/pF	10	10	10	10	5	3.5
功耗电容最大值 C_{pd}/pF	20	20	12	14	8	27.5

2.6　数字集成电路的使用规则

2.6.1　TTL 集成电路使用规则

(1) 直流电源电压:应严格保持在 5 V($1\pm10\%$)范围内,即 4.5~5.5 V,过高易损坏器件,过低不能正常工作。一般采用稳定性好、内阻小的直流稳压电源。使用时,应特别注意电源的极性不能接错,否则会因过流而造成器件损坏。

(2) 闲置输入端的处理方法:

① 悬空,相当于输入正逻辑"1"。对于一般小规模集成电路的数据输入端,实验时允许悬空处理,但易受外界干扰,导致电路的逻辑功能不正常。因此,对于接有长线的输入端、中规模以上的集成电路和使用集成电路较多的复杂电路,所有闲置输入端必须按逻辑要求接入电路,不允许悬空。

② 直接接到电源电压 V_{CC},或串接 $1\sim10$ kΩ 的电阻到电源电压上,或接到某一固定电压($2.4\sim5$ V)的电源上。

③ 若前级驱动能力允许,可以与其他使用的输入端并联。

(3) 电路输入端通过电阻接地,电阻值的大小直接影响电路所处的状态。一般情况下,当 $R\leqslant680$ Ω 时,输入端相当于逻辑"0";当 $R\geqslant4.7$ kΩ 时,输入端相当于逻辑"1"。对于不同系列的器件,要求的电阻阻值有所不同。

(4) 输出端不允许直接接电源或接地,但可以通过电阻与电源相连,一般取 $R=3\sim5.1$ kΩ;不允许直接并联使用(集电极开路门和三态(TS)除外)。

(5) 应考虑电路的负载能力(即扇出系数)。要留有余地,以免影响电路的正常工作。

(6) 在高频工作时,应通过缩短引线、屏蔽干扰源等措施,抑制电流的尖峰干扰。

2.6.2　CMOS 集成电路使用规则

(1) 电源连接和选择:V_{DD}端接电源正极,V_{SS}端接电源负极(或接地),绝对不能接错,否则器件会因电流过大而损坏。

对于电源电压范围为 $3\sim18$ V 的系列器件,如 CC4000 系列,实验中 V_{DD}通常接 5 V 电源。V_{DD}端的电压选在电源变化范围的中间值,如电源电压在 $8\sim12$ V 范围变化,则选择 V_{DD}为 10 V 较恰当。CMOS 器件在不同的 V_{DD}下工作,其输出阻抗、工作速度和功耗等参数都有所变化,设计中须考虑到。

(2) 输入端处理:不用的输入端根据逻辑功能必须连接到高电平或低电平。这是因为 CMOS 集成电路是高输入阻抗器件,理想状态是没有输入电流的,如果不用的输入端悬空,很容易感应到干扰信号,影响芯片的逻辑运行,甚至静电积累永久性地击穿该输入端,造成芯片失效。

对于工作速度要求不高,但要求增加带负载能力的情况,可以将输入端并联使用。对于安装在线路板上的 CMOS 器件,在电路板输入端应接上限流电阻和保护电阻。

(3) 输出端处理:输出端不允许直接接 V_{DD} 或 V_{SS}端,否则将导致器件损坏。

除三态器件外,不允许两个不同芯片的输出端并联使用。但有时为了增加驱动能力,同一芯片上的输出端可以并联。

(4) 对输入信号 u_i 的要求:u_i 的高电平 $V_{iH} < V_{DD}$,u_i 的低电平 V_{iL} 应小于电路系统允许的低电压。当器件未接通直流电源时,不允许有输入信号输入,否则将使输入端保护电路中的二极管损坏。

(5) 焊接、测试和储存时的注意事项:

① 电路应存放在导电的容器内,有良好的静电屏蔽。

② 焊接时必须切断电源,电烙铁外壳必须良好接地,或拔下烙铁,利用余热焊接。

③ 所有的测试仪器必须良好接地。

④ 若信号源与 CMOS 器件使用两组电源供电,应先开 CMOS 电源;关机时,先关信号源,最后才关 CMOS 电源。

2.7　数字逻辑电路的测试方法

2.7.1　组合逻辑电路测试

组合逻辑电路的测试目的是验证其逻辑功能是否符合设计要求,即验证其输出与输入之间的逻辑关系是否与真值表相符。组合逻辑电路的测试分为静态测试和动态测试。

1. 静态测试

静态测试是在电路静止状态下测试输出与输入的逻辑关系。

具体方法:将组合逻辑电路的输入端分别接到逻辑开关上,用发光二极管分别显示各输入端和输出端的状态,按真值表将输入信号的状态一组一组地依次送入被测电路,测出相应的输出状态,与真值表进行比较,以此判断该组合逻辑电路静态工作是否正常。

2. 动态测试

动态测试是测量组合逻辑电路的频率响应。

具体方法:在组合逻辑电路的输入端加上周期性信号,用示波器观察输入、输出波形。测出与真值表相符的最高输入脉冲频率。

2.7.2　时序逻辑电路测试

时序逻辑电路的测试目的是验证其逻辑状态的转换是否与状态转换图相符。可用发光二极管、数码管或示波器等观察输出状态的变化。常用的测试方法有以下两种:

1. 单拍工作方式

以单脉冲源作为时钟脉冲,逐拍进行观测。

2. 连续工作方式

以连续脉冲源作为时钟脉冲,用示波器观察波形,以判断输出状态的转换是否与状态转换图相符。

2.8　数字电路中的常见故障及检测

2.8.1　数字电路中的常见故障

对已设计好的电路进行实验的过程中,如电路达不到预期的功能,则该电路存在故障。产生故障的原因主要有以下几个方面:

1. 电源问题

电源问题主要表现在两个方面:电源漏接和电源错接。

(1) 电源漏接:在学生实验中非常普遍。由于教师在讲授理论课时,画出的逻辑电路图一般不标出电源,所以学生在实验时很容易漏接电源。

(2) 电源错接:一是错误的电源电压值可能导致芯片不能正常工作甚至损坏,对于 TTL 电路,其电源电压为 $+5\,\mathrm{V}$。二是在接电源时要防止电源短路,其中 V_{CC} 接电源正极,GND 接电源负极。

2. 电路设计错误

电路设计错误不是指电路逻辑功能错误,而是指所用器件和电路在时序配合上的错误。如:电路动作的边沿选择与电平选择不恰当;电路延迟时间引起的冒险；电路不能自启动，即计数器在进入非工作循环状态后，不能转入正常的循环等。

3．集成电路使用不当

（1）插拔电路不当，造成集成电路引脚弯曲甚至折断。

（2）在电路较复杂，使用的集成电路较多时，把集成电路的型号弄错。

（3）集成电路的接插方向不一致，错认了其引脚排列顺序。

4．布线问题

在数字电路实验中，大部分故障都是由错误的布线引起的，包括漏接、错接、断线和碰线等。所以合理的布线是实验成功的保障。

（1）布线原则：整齐、清晰、可靠，便于检查和更换芯片。最好不要在芯片周围走线，切忌跨越芯片上空或交错布线。

（2）布线技巧：布线前，先对照集成电路的引脚排列顺序在设计的逻辑电路图上标明芯片的引脚号。这样不但接线速度快，不易出错，还便于检查。尽可能采用不同颜色的导线，如红色线接电源，黑色线接地，绿色线接信号等。

（3）布线顺序：布线要有顺序。不能随意乱接线，避免造成漏接。首先连接所有芯片的电源、地线和固定不变的输入端（如多余的输入端、触发器不用的清零、置位端等）。然后按照信号的流向依次接入信号线、控制线和输出线。

另外，目前大多数数字电路实验是采用专用的导线来接线，实验前有必要检查导线的好坏。

2.8.2　数字电路中的故障检测

实验前的准备做得越充分，实验中的故障就越少。但完全不出错，每次都成功是比较困难的，尤其是对于较复杂的电路。下面介绍几种常见的故障检查法：

1．查线法

由于在实验中大部分故障都是由于布线错误引起的，因此，在故障发生时，检查电路连线是排除故障的有效方法。应着重检查有无漏线、错线，导线与插孔接触是否可靠，集成电路芯片引脚是否插牢、是否接反等。

2．测量法

用万用表直流电压挡测量各集成块的 V_{CC} 端与 GND 端是否有 +5 V 电压；测量各输入、输出端的直流电平；用电阻挡测量各连接导线的通断。

3．观察法

观察输入信号、时钟脉冲等是否加到实验电路上，输出端有无反应。重复测试并观察故障现象,然后对某一故障状态,用万用表测试各输入、输出端的直流电平,从而判断出是否有集成块插座、集成块引脚连接线等原因造成的故障。

4. 信号注入法

在电路的每一级输入端加上特定信号,观察该级输出响应,从而确定该级是否有故障。必要时可切断周围连线,避免相互影响。

5. 信号寻迹法

在电路的输入端加上特定信号,按照信号流向,逐级检查是否有响应、是否正确。必要时可多次输入不同信号。

6. 替换法

对于多输入端器件,如有多余端,则可调换另一输入端试用。必要时,可更换器件,以检查是否是由于器件功能不正常而导致的故障。

7. 动态逐线跟踪检查法

对于时序逻辑电路,可输入时钟信号,按信号流向依次检查各级波形,直到找出故障点为止。

8. 断开反馈线检查法

对于含有反馈线的闭合电路,应设法断开反馈线进行检查,或进行状态预置后再进行检查。

2.9　数字电子技术实验要求

2.9.1　实验预习

数字电子技术实验是一门独立设置的实践性课程,其实验项目包含基础实验、综合实验、设计实验三种类型。但由于学时有限,大部分实验原理、实验内容、集成电路引脚排列等不可能在实验课上展开讲解,特别是综合性、设计性实验项目,也就是说,学生在做实验前必须进行实验预习。实验预习与否,或实验预习是否认真,是实验成功的关键。实验预习必须完成以下内容:

(1) 仔细阅读实验教程或实验指导书。

(2) 明确实验目的,熟悉相关实验原理和实验设备的操作,清楚实验内容,了解所用集成电路的引脚排列和逻辑功能。如有测试数据,列出相关数据测试表格;如为综合性、设计性实验,设计出实验电路。

(3) 撰写好预习报告。预习报告内容包括实验目的、实验原理、实验内容、所用集成电路的引脚排列、实验数据记录表格、设计的实验电路(包括必要的设计过程)等。

2.9.2　实验操作

实验操作是在实验室进行实际仪器设备的操作或仿真操作。实验操作应注意以下几个环节:

(1)检查本次实验所需仪器和器件是否满足要求,记录所用仪器设备的型号和数量。

(2) 接线时关闭电源,看清器件型号、管脚顺序,接线完成并检查无误后方能通电测试。

对于电路复杂的综合性、设计性实验,按电路功能分级接线并调试,遵循先调试前级后调试后级、先调试子系统后调试整机电路的原则,切忌一口气把所有的线都接完,这样会增加检查故障的难度。

(3) 认真记录实验结果,包括实验数据、波形、实验现象等。判断其正确性,如有怀疑应立即查找原因,不能编造实验数据或实验结果,必须实事求是,不能在没有记录完整的情况下就拆线离开实验室。

(4) 在实验过程中要认真分析测试数据,碰到除设备和器件以外的其他问题,应自己认真分析解决,培养分析问题、解决问题的能力。

(5) 出现故障,应有目的、有方法地排除。

(6) 实验结束后,应关闭仪器设备电源,拆除电路的连接导线,整理好仪器设备,将实验耗材(导线、元器件等)归位,方可离开实验室。

切忌实验结束后,不关闭仪器设备电源、不整理仪器设备、不拆除电路的连接导线、不归位实验耗材等就离开实验室。要做到科学、严谨、有始有终。

2.9.3　实验报告

实验报告是对实验结果的总结,是培养学生对科学实验的总结能力、归纳分析能力、撰写报告能力的有效手段,也是一项重要的基本功训练。实验报告是一份技术总结,不是单纯地记录实验数据。

实验报告要求文字简练、内容清楚、图表工整。既要真实、科学地反映实验结果，又要通过对实验结果的分析和讨论得出相应的结论，并提出必要的改进建议。

一份完整的数字电子技术实验报告应有以下内容（部分内容应在实验前完成）：

(1) 实验名称、实验日期、实验者姓名。

(2) 实验目的、实验器材、实验原理。

(3) 实验课题的方框图、逻辑图（或测试电路）、状态图、真值表以及必要的文字说明等。对于设计性课题，还应有整个设计过程和关键设计技巧说明。

(4) 实验记录和经过整理的数据、表格、曲线和波形图。其中，表格、曲线和波形图力求准确、工整，不得随手示意画出。

(5) 实验结果与技术理论的比较以及对异常现象的分析讨论。

(6) 实验结果的评价以及对实验的体会与建议。

第 3 章 数字电子技术课程设计

在电子信息技术类、自动化类、仪器仪表类、计算机类等本科专业教学中,数字电子技术课程设计是一个重要的实践性教学环节,是对学生进行电子技术综合性训练的一种重要手段,包括选择课题、电路设计、组装、调试及撰写设计报告等实践内容。

3.1 课程设计的目的与要求

通过数字电子技术课程设计要实现以下两个目标:第一,综合运用数字电子技术课程中所学的理论知识,独立完成一个设计课题。学生初步掌握电子电路的实验、设计方法,即学生根据课题设计要求和性能参数,查阅文献资料,收集、分析类似电路的性能,并通过组装调试等实践活动,使电路达到性能指标要求。第二,为后续的毕业设计打好基础。

数字电子技术课程设计应达到以下基本要求:

(1)综合运用数字电子技术课程中所学的理论知识,独立完成一个设计课题。

(2)通过查阅手册和文献资料,能合理、灵活地应用各种标准集成电路器件实现规定的数字系统。

(3)熟悉常用电子元器件的类型和特性,并掌握合理选用的原则。

(4)会运用电路仿真软件进行仿真验证。

(5)学会电子电路的安装与调试技能。

(6)进一步熟悉电子仪器的正确使用方法;能独立分析、处理和解决调试中所遇到的问题。

(7)学会撰写课程设计总结报告。

(8)培养严肃认真的工作作风和严谨的科学态度。

3.2 课程设计的方法和步骤

3.2.1 数字电子技术课程设计的一般流程与设计方法

1. 数字电子技术课程设计的一般流程

数字电子技术课程设计的一般流程如图 3.2.1 所示。

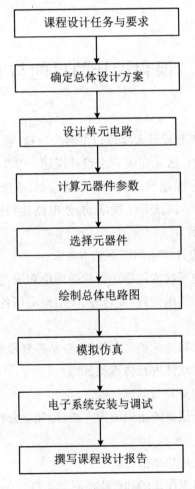

图 3.2.1 数字电子技术课程设计一般流程

2. 电子系统的设计方法

电子系统的设计方法一般有三种：自顶向下（Top Down）、自底向上（Bottom Up）、自顶向下与自底向上相结合。

自顶向下的设计方法的流程图如图 3.2.2 所示，按照"系统需求分析→确定总体设计方案→建立系统及子系统框图→系统和子系统逻辑描述→系统仿真与验证→系统的物理实现"的步骤来设计一个系统。

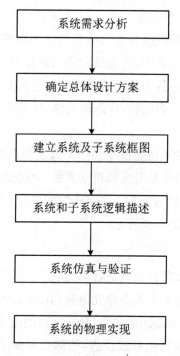

图 3.2.2　电子系统的"自顶向下"设计流程

自底向上的设计方法是按自顶向下的反向进行系统设计。

在现代电子系统设计中，一般采用自顶向下的设计方法，因为这种设计方法的设计思路具有大局观，概念清晰、易懂。

实际上，由于电子技术的发展，尤其是 IP 技术的发展，有很多通用功能模块可以选用，也就是说，采用自顶向下的设计方法，有时只需设计功能模块，再附加适当的元器件并加以合理布线即可。应该说这是一种自顶向下与自底向上相结合的方法。但在以 IP 核为基础的 VLSI 片上系统的设计中，自底向上的方法得到重视和应用。

3.2.2　数字电子技术课程设计的具体步骤

1．分析设计任务

对系统的设计任务进行具体分析，充分了解系统的性能、指标内容及要求，以便明确系统应完成的任务。

2．确定总体方案

根据设计任务要求和性能指标及已掌握的知识和资料，提出尽可能多的符合要求的设计方案。在每种方案中，将系统功能合理地分解成若干子系统或电路单元，或逻辑功能单元，并画出各个单元电路框图相互连接而成的系统总体设计功能框图。通过多思考、多分析、多比较，在原理正确、易于实现且在实验室条件允许的原则下，最终确定设计方案。

值得注意的是，系统总体功能框图必须正确反映系统的任务要求和各组成部分的功能，清楚表达系统的基本组成和相互关系。系统总体方案的选择，直接决定系统设计的质量。选择总体方案时，主要从性能稳定、工作可靠、电路简单、成本低、功耗小、调试维修方便等方面考虑。

3．设计单元电路

单元电路是整机的一部分，只有把各单元电路设计好才能提高整体设计水平。每个单元电路设计前，都需要明确本单元电路的任务，详细拟订单元电路的性能指标，明确单元电路与前、后级之间的关系，分析电路的组成形式。具体设计时，可模仿成熟的先进电路，也可进行创新或改进，但都必须保证性能要求。同时，不仅单元电路本身要设计合理，各单元电路之间也要相互配合，注意各部分的输入信号、输出信号和控制信号的关系。

设计单元电路的一般方法和步骤如下：

（1）根据设计要求和选定的总体方案原理图，确定对各单元电路的设计要求。必要时，应详细拟订主要单元电路的性能指标。

（2）拟订出各单元电路的设计要求后，对其进行设计。

（3）单元电路的设计应符合电平标准。

（4）要注意各单元电路之间的匹配连接。

4．计算元器件参数

为了保证单元电路达到功能指标要求，需要用电子技术知识对参数进行计算。例如，放大电路中各电阻阻值、放大倍数的计算；振荡电路中电阻、电容、振荡频率等参数的计算。只有很好地理解电路的工作原理,正确利用计算公式,计算的参数才能满足设计要求。

计算电路参数时应注意以下几点:

(1) 器件的工作电压、电流、频率和功耗等应在允许的范围内,应充分考虑工作条件最恶劣的情况,并留有适当的余量。

(2) 对于环境温度、交流电网等工作条件,计算参数时应按最不利的情况考虑。

(3) 对于元器件的极限参数必须留有足够的余量,通常取 1.5~2 倍值。

(4) 对于电阻、电容参数的取值,应注意选择计算值附近的标称值。

(5) 在保证电路达到功能指标要求的前提下,应尽可能降低成本,减少元器件的品种、功耗、体积和价格等,为安装调试创造有利条件。

(6) 应把计算确定的各参数值标注在电路图的适当位置。

5. 选择元器件

选择元器件应从"需要什么"和"有什么"两个方面来考虑。"需要什么"是指根据设计方案需要什么样的元器件,该元器件应具有哪些功能和性能指标。"有什么"是指有哪些元器件,哪些能在市场上买得到,其性能特点怎么样。

在保证电路性能的前提下,尽量选用常见的、通用性好的、价格相对低的、手头有的或容易买到的器件。一般优先选择集成电路。

(1) 选择集成电路

① 应熟悉集成电路常见产品的型号、性能、价格等,以便在设计时能提出较好的方案,能较快地设计出单元电路和总电路。

② 应注意集成电路的电源电压范围、供电方式,以免烧坏器件。

③ 同一种功能的数字集成电路可能既有 CMOS 产品,又有 TTL 产品,到底选用哪类产品,要根据具体情况,设计者要灵活选择。

④ 集成电路的常用封装方式主要有扁平式、直立式、双列直插式三种,为了便于安装、更换、调试和维修,在一般情况下,应尽可能选用双列直插式集成电路。

(2) 选择阻容元件

电阻、电容是两种常用的分立元件,它们的种类很多,性能各异。阻值相同、品种不同的两种电阻或容量相同、品种不同的两种电容用在同一电路中的同一位置,可能效果大不一样。此外,价格和体积也可能相差很大。应当熟悉各种常用电阻和电容的种类、性能和特点,以便根据电路的要求进行选择。

(3) 选择分立半导体元件

首先要熟悉半导体分立元件的功能,掌握其应用范围;再根据电路的功能要求和元器件在电路中的工作条件,如通过的最大电流、最大反向工作电压、最高工作频率、最大消耗的功率等,确定元器件的型号。

6. 绘制总体电路图

系统总体电路图是在总框图、单元电路设计、参数计算和元器件选择的基础上绘制的,是组装、调试、印制电路板设计和维修的依据。绘制电路图时要注意以下几点:

(1)总体电路图应尽可能画在同一张图纸上,注意信号的流向。一般从输入端画起,由左至右或由上至下按信号的流向依次画出各单元电路。

如果电路图比较复杂,可以先将主电路图画在一张图纸上,然后将其余的单元电路画在一张或数张图纸上,并在各图纸所有端口两端标注上标号,依次说明各图纸之间的连线关系。

(2)总体电路图要紧凑、协调,要求布局合理、排线均匀。图中元器件的符号应标准化,元件符号旁边应标出型号和参数。集成电路通常用框表示,在框内标出其型号,在框的边线两侧标出每根连线的功能和引脚号。

(3)连线一般画成水平线和垂直线,并尽可能减少交叉和拐弯。对于交叉连接的线,应在交叉处用圆点标出;连接电源正极的连线,仅需标出电源的电压值;连接电源负极的连线,一般用接地符号表示即可。

7. 仿真调试

在计算机工作平台上,利用 EDA 软件,能够对各种电子电路进行调试、测量、修改,大大提高了电子设计的效率和精确度,同时缩短了产品开发周期,降低了设计费用。目前电子电路辅助分析与设计的常用软件有 Multisim、Proteus、Protel、PSPICE 等。其中,Multisim 14 软件的使用在本书第 4 章将会详细介绍。

8. 安装调试

安装与调试过程应按照"先局部、后整机"的原则,首先根据信号的流向逐块调试,使各功能块都要达到各自技术指标的要求,然后把它们连接起来进行统一调试和系统测试。调试包括调整和测试两部分。调整主要是调节电路中可变元器件或更换器件,使之性能得到改善;测试是采用电子仪器测量相关点的数据与波形,以便准确判断设计电路的性能指标是否达到设计要求。具体安装调试方法参见《电子工艺》教材或相应的参考文献。

3.3　课程设计报告

3.3.1　课程设计报告的主要内容及步骤

课程设计报告是设计工作的起点又是设计全过程的总结,是设计思想的归纳又是设计成果的汇总。设计报告可以反映出设计人员的知识水平和层次。

1. 课程设计报告的主要内容

(1) 课题名称。

(2) 设计任务和要求。

(3) 方案选择与论证。

(4) 方案的原理框图,单元电路设计与计算说明,元器件选择和电路参数计算说明,总体电路图,布线图以及它们的说明等。

(5) 电路调试。对调试中出现的问题进行分析,并说明解决的措施;测试数据、记录数据、整理数据与结果分析。

(6) 收获体会、存在的问题和进一步的改进意见等。

2. 撰写课程设计报告的一般步骤

设计方案比较、论证及选择;细化框图;设计关键单元电路;画出受控模块框图;设计控制电路;编写应用程序及管理程序;整机时序设计;关键部位波形分析以及计算机辅助设计成果;画出整机电路图;测试仪器及测试方法选择;测试数据及结果分析与处理;设计总结;参考文献等。

3.3.2　课程设计报告组成

课程设计报告一般由以下七个部分组成。

1. 题目

题目应简短、明确、有概括性,能恰当准确地反映本报告的设计内容。题目一般不超过 25 个字,除非确有必要,一般不设副标题。

2. 摘要及关键词

（1）摘要

摘要应包括课程背景、设计过程及方法（创新所在）、结果与结论。一般 300～500 字。

（2）关键词

关键词一般列 3～5 个，先在题目中找关键词，再去摘要中找关键词。

3. 报告主体

报告主体（正文页数一般在 15～20 页）的内容应包括以下几个方面：

（1）设计任务与要求。

（2）设计原理、总体方案设计与选择论证。

（3）各部分的（包括硬件和软件）设计计算。

（4）软硬件调试。

4. 结论

设计报告的结论是对整个报告主要成果的总结，单独一章编写，但不加章号。

5. 致谢

对指导教师或协助完成设计（报告）工作的组织和个人表示感谢。内容应简洁明了、实事求是。

6. 参考文献

参考文献是课程设计（报告）不可缺少的组成部分，所引用的必须是本人真正阅读过的、近期发表的、与设计（报告）工作直接有关的文献，数量在 10 篇以上。

7. 附录

附录是对于一些不宜放到正文中，但又直接反映完成工作的成果内容。如将图纸、实验数据、计算机程序等材料附于报告之后。附录所包含的材料是课程设计（报告）的重要组成部分。

3.4　课程设计报告示例——4 人竞赛抢答器的设计

3.4.1　设计任务

1. 设计目的

(1) 掌握 4 人竞赛抢答器电路的设计、组装与调试方法。

(2) 熟悉数字集成电路的使用方法。

2. 设计任务与要求

(1) 设计任务

设计一台可供 4 名选手参加比赛的智力竞赛抢答器。当主持人说开始时,4 人开始抢答,电路能判别出 4 路输入信号中哪一路最先输入信号,并给出声、光显示,数码管显示选手组号。

(2) 设计要求

① 4 名选手编号为 1、2、3、4,各有一个抢答按钮。按钮的编号与选手的编号对应,也分别为 1、2、3、4,每名选手各有一个指示灯。

② 主持人设置一个控制按钮,用来控制系统清零(数码管显示为 0)和抢答的开始。

③ 抢答器具有数据锁存和显示的功能。抢答开始后,若有选手按动抢答按钮,该选手编号立即锁存,对应的指示灯亮,并在抢答显示器上显示该编号,同时扬声器发出音响提示,封锁输入编码电路,禁止其他选手抢答,抢答选手的编号一直保持到主持人将系统清零为止。

(3) 扩展功能(选做)

① 电路中,当有人按下按钮后,声音一直响着,试改进电路使声音只响 2 s。

② 给抢答器增加 30 s 限时电路,当时间达到 30 s 时仍无人抢答,电路自动报警,并停止抢答。

3.4.2　设计方案选择

方案一　电路大致可由 3 个功能模块组成:以锁存器为中心的编码显示电路部分,脉冲产生电路部分,音响电路部分。

以锁存器为中心的编码显示电路部分:由锁存器 74LS373、4 选 1 数据选择器 74LS153、显示器、LED 发光二极管及门电路组成。74LS373 作为锁存器。当有人抢答时,利用锁存器的输出信号将时钟脉冲置零,74LS373 立即被锁存,同时扬声器鸣响,此时抢答无效。使用 74LS153 作为数据选择器,对输入的信号进行选择,使选手对应的 LED 发光二极管发光,同时扬声器发出声音。

脉冲产生电路部分:用石英晶体振荡器予以实现,由于石英晶体的稳定性和精确性高,因此,其产生的脉冲信号更加稳定,同时在显示方面更能接近预定的值,受外界环境的干扰较少。

音响电路部分:由 555 定时器、电阻和电容组成多谐振荡器,产生所需要的脉冲,然后接入扬声器构成。

方案二　电路大致可由 3 个功能模块组成:以 $4D$ 触发器 74LS175 为中心构成编码锁存系统电路部分,脉冲产生电路部分,报警电路部分。

$4D$ 触发器构成的抢答锁存器:由主持人控制 74LS175 的清零端,当清零端为高电平"1"时,选手开始抢答,最先按键的选手相应的 LED 发光二极管发光,并且扬声器发出声音,通过编码和译码,在数码显示器上显示该选手的编号,同时,由 4 个 $\bar{Q}$ 输出端及门电路组成的锁存电路来控制其他选手,其他选手再按键时不再起作用,这时抢答无效。

脉冲产生电路部分:用 555 定时器予以实现,通过调节电阻的阻值得到符合要求的脉冲。因为 555 定时器可通过改变电阻电容微调频率取代用分频器对高频信号进行分频,从而使电路更加简单。

报警电路部分:由 555 定时器、电阻和电容组成的多谐振荡器产生的脉冲,与锁存信号一起送到音响控制电路,然后接入扬声器构成。

本设计选择方案二。其原因如下:虽然 555 定时器构成的多谐振荡器的稳定性和精确性没有石英晶体振荡器高,但 555 定时器构成的多谐振荡器设计方便、操作简单,其稳定性和精确性在本设计中也已足够,故选择方案二。

3.4.3　系统方框图及电路原理

1. 系统方框图

4 人竞赛抢答器系统方框图如图 3.4.1 所示。

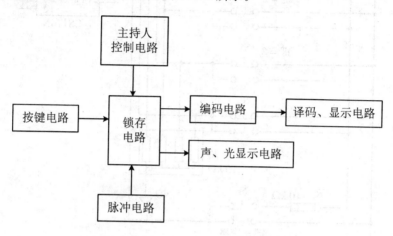

图 3.4.1　4 人竞赛抢答器系统方框图

2. 电路原理

4 人竞赛抢答器系统主要由脉冲电路、按键电路、锁存电路、编码电路、译码、显示电路和声、光显示电路组成。当有选手抢答按下按键时,首先锁存,阻止其他选手抢答,然后编码、译码,将抢答选手的数字在显示器上显示出来,同时扬声器发出声音。

3.4.4　单元电路设计

1. 以锁存器为中心的编码、显示电路设计

此部分电路是系统的核心部分,由 5 个子电路构成,分别是按键电路、锁存电路、编码电路、译码、显示电路和主持人控制电路。

（1）按键电路

4 人竞赛抢答器系统的按键电路如图 3.4.2 所示。其结构非常简单,电路中 R_2 为限流电阻,4 个按键对应 4 名参赛选手。当有人按下任一按键时,相应的按键输出高电平;否则为低电平。

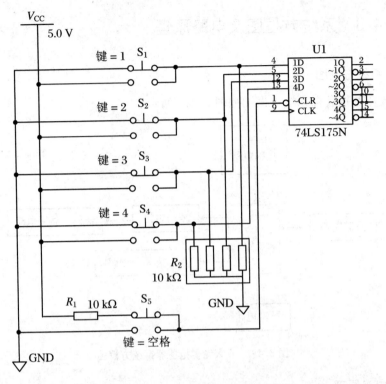

图 3.4.2　4 人竞赛抢答器按键电路

（2）锁存电路

抢答信号的判断和锁存采用 4D 触发器 74LS175，如图 3.4.3 所示。当有人按下按键时，触发器相应的 Q 端输出为高电平，相应的 $\overline{Q}$ 端输出为低电平；当无人按下按键时则相反。

抢答信号的锁存是通过 D 触发器的 $\overline{Q}$ 输出端与 4 输入与非门和 2 输入与非门控制时钟脉冲实现，其中，与非门 UD6 为时钟脉冲的控制门。当无人抢答时，4 个 D 触发器的 $\overline{Q}$ 端输出全为"1"，UD6 门开启，时钟脉冲能够进入 D 触发器；当有人抢答时，对应的 $\overline{Q}$ 端输出为"0"，4 输入与非门 U7A 输出为"1"，经 2 输入与非门 U5C 构成的非门求反后变为"0"，UD6 门关闭，时钟脉冲不能进入 D 触发器，触发器的 CLK 信号始终为高电平"1"，从而防止其他人抢答。

（3）编码电路

编码的作用是把 4D 触发器的输出转化为 8421BCD 码，进而送给七段显示译码器。表 3.4.1 为其真值表。编码电路由两个与非门 U3A、U4B 构成。其电路如图 3.4.4 所示。

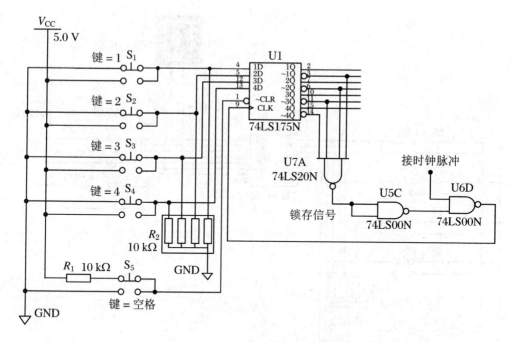

图 3.4.3　4 人竞赛抢答器锁存电路

表 3.4.1　锁存编码真值表

锁存器输出				编码器输出			
Q_4	Q_3	Q_2	Q_1	D	C	B	A
0	0	0	0	0	0	0	0
0	0	0	1	0	0	0	1
0	0	1	0	0	0	1	0
0	1	0	0	0	0	1	1
1	0	0	0	0	1	0	0

（4）译码、显示电路

4 人竞赛抢答器编码、译码、显示电路如图 3.4.4 所示。译码、显示电路是将编码电路送来的 8421BCD 码译码并驱动数码显示器显示抢答选手的编号。

（5）主持人控制电路

主持人控制电路由上拉电阻 R_1 和主持人按键 S_5 构成，如图 3.4.2 所示。当抢答之前或进行下一轮抢答时，主持人按下 S_5 键，此时 4D 触发器 74LS175 的 CLR 端为低电平"0"，触发器清零，电路复位。

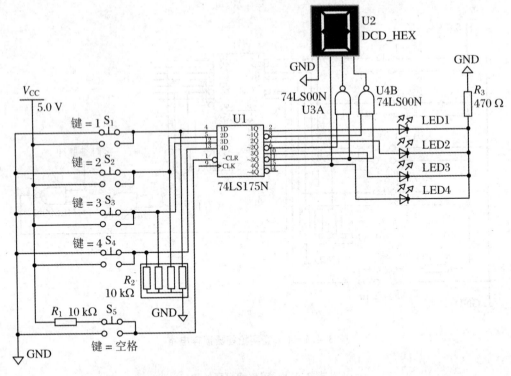

图 3.4.4　4 人竞赛抢答器编码、译码、显示电路

2. 脉冲产生电路

采用 555 定时器组成的多谐振荡器输出信号作为时钟脉冲。多谐振荡器的输出信号有两个作用：一是为 4D 触发器 74LS175 提供时钟脉冲，使其触发工作和锁存；二是作为音响电路的信号源，脉冲产生电路如图 3.4.5 所示。

R_4、R_5 和 C_1 为定时元件，输出频率约为 10 kHz 的脉冲信号，根据公式(3.1)选择其参数值。

输出频率公式为

$$f = 1.4 \frac{1}{(R_4 + 2R_5)C_1} \tag{3.1}$$

3. 音响电路

音响电路如图 3.4.6 所示，利用 555 定时器组成的多谐振荡器输出脉冲作为音响电路信号源，经与非门 U8D 控制后送给三极管推动扬声器发出声音。当任一选手按下按键时，U8D 门开启，扬声器发出响声，直到主持人清零才停止。清零后 U8D 门关闭，扬声器不工作。

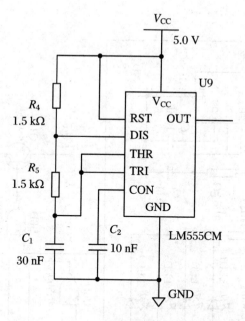

图 3.4.5　555 定时器构成的脉冲产生电路

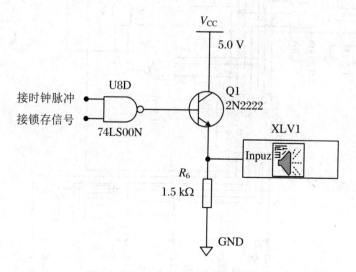

图 3.4.6　4 人竞赛抢答器音响电路

3.4.5　完整电路图

4 人竞赛抢答器完整电路图如图 3.4.7 所示。

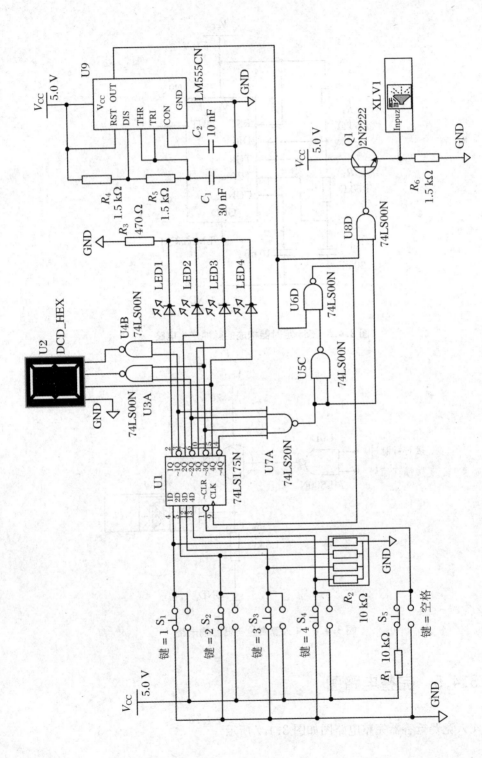

图 3.4.7　4 人竞赛抢答器完整电路图

3.4.6 安装调试要点

(1) 画出整个系统的电路图,并列出所需元器件清单。

(2) 准备(或采购)元器件,并按电路图组装、焊接。认真检查电路是否正确,注意器件管脚的连接,"悬空端""清零端""置 1 端"、电源、接地要正确处理。

(3) 单元电路检查。电路组装、焊接无误后,接通电源,用双踪示波器观测脉冲电路的波形,看其是否满足设计要求。主持人给开始信号,再观察数码管、发光二极管显示是否正确。观察选手抢答时锁存器输出是否控制其时钟脉冲的通断,从而判断是否自锁了其他选手的抢答信号。抢答信号到 BCD 码的转换与真值表对照检查,观察设计是否正确。扬声器接受主持人开始信号、选手抢答信号后,可分别检测。

(4) 系统联调。给整个系统上电,主持人给开始信号,对选手抢答和没有抢答的情况分别进行测试,并观察显示结果。

第 4 章　Multisim 软件的使用

4.1　Multisim 概述

电子虚拟仿真是实验室操作实验的一个重要的辅助手段。掌握了一款优秀的电子仿真软件,就相当于拥有了一间个人实验室。利用 Multisim 可以实现计算机仿真设计与虚拟实验,相比于传统的电子电路设计与实验方法,具有如下特点:设计与实验可以同步进行,可以边设计边实验,修改调试方便;设计和实验用的元器件及测试仪器仪表齐全,可以完成各种类型的电路设计与实验;可以方便地对电路参数进行测试和分析;可以直接打印输出实验数据、测试参数、曲线和电路原理图;实验中不消耗实际的元器件,实验所需元器件的种类和数量不受限制,实验成本低,实验速度快,效率高;设计和实验成功的电路可以直接在产品中使用。

Multisim 易学易用,便于学生自学和开展综合性的设计和实验,有利于培养学生综合分析、开发和创新能力。

1. Multisim 仿真实验在实验教学中的优势

(1) 高指标的虚拟仪器和充足的元器件资源。电子仿真实验软件内的虚拟仪器不仅品种齐全,而且技术指标高,随时可以拖放到工作区使用,并能实时显示有关数据和波形。

(2) 弥补了实验经费不足的缺憾。传统的电子技术实验需要有仪器设备和元器件的支持,有些实验仪器耗资大,仪器操作技术要求较高,在教育经费不足的情况下,有些学校所能开出的实验项目和数量受到限制。特别是近年来一些学校扩大招生规模,而实验基础设施跟不上,仿真电子实验弥补了因实验仪器及经费不足造成的缺憾。另外,仿真实验不涉及仪器折旧和更新换代,通过软件升级就能保持实验的先进性。一些需要价格昂贵的仪器而无法开展的实验,通过仿真就能轻易实现。

(3) 扩展了学生的实践空间和实验内容。仿真实验可作为学生实验前的预习和课后分析总结,也可作为学生创造性思维的检验平台。只要有 Multisim 软件和一台计算机就能进行电子技术仿真实验,打破了时间和空间的限制,学生可以在不同的时间、地点和领域自主进行实验,增强他们提出问题、分析问题和解决问题的能力,并根据自己的兴趣爱好,可以选择一些传统实验较少涉及的实验内容,如用运算放大器实现回转器、负阻抗变换器等。这部分内容的实现原理在近代教科书中早有论述,用传统方法进行实验的步骤比较繁琐,采用 Multisim 电子工作平台则容易分析它们的性能。因此,电子仿真实验满足了不同层次学生的需要,从而大大扩展了实践空间和实验范围。

(4) 有利于学生开展探索性研究性实验。在传统的电子技术实验教学中,任课老师在课前把仪器设备及元器件准备好,学生对照讲义的实验步骤按部就班地进行,这就不可避免地把学生置于被动地位,他们很少有机会按自己的思维开展设计性实验。近年来,新的教育理念强调教学要以学生为主体,要注重培养学生的创新思维。许多院校大幅度压缩验证性实验的比例,增加设计性实验的内容,但在实际运作过程中,往往因仪器和元器件不足而存在着很大的局限性。仿真电子实验使学生进行研究性和探索性实验成为可能。

美国 NI 公司提出的理念:"把实验室装进 PC 机中""软件就是仪器"。

2. Multisim 的特点

与其他仿真器相比,Multisim 具有很明显的优势,具体表现如下:

(1) 直观的图形界面。整个操作界面就像一个电子实验工作台,绘制电路所需的元器件和仿真所需的测试仪器均可直接拖放到屏幕上,轻点鼠标可用导线将它们连接起来,软件仪器的控制面板和操作方式都与实物相似,测量数据、波形和特性曲线如同在真实仪器上看到的一样。

(2) 丰富的元器件库。Multisim 大大扩充了 EWB 的元器件库,包括基本元件、半导体器件、运算放大器、TTL 和 CMOS 数字 IC、DAC、ADC 及其他各种部件,且用户可通过元件编辑器自行创建或修改所需元件模型,还可通过 IIT 公司网站或其代理商获得元件模型的扩充和更新服务。

(3) 丰富的测试仪器。除 EWB 具备的数字万用表、函数信号发生器、双通道示波器、扫频仪、数字信号发生器、逻辑分析仪和逻辑转换仪外,Multisim 还新增了瓦特表、失真分析仪、频谱分析仪和网络分析仪。尤其与 EWB 不同的是:所有仪器均可多台同时调用。

(4) 完备的分析手段。除了 EWB 提供的直流工作点分析、交流分析、瞬态分析、傅里叶分析、噪声分析、失真分析、参数扫描分析、温度扫描分析、极点-零点分析、传输函数分析、灵敏度分析、最坏情况分析和蒙特卡罗分析外,Multisim 还新增了直流扫描分析、批处理分析、用户定义分析、噪声图形分析和射频分析等,基本上能满足一般电子电路的分析设计要求。

(5) 强大的仿真能力。Multisim 既可对模拟电路或数字电路分别进行仿真,也可进行数模混合仿真,尤其是新增了射频(RF)电路的仿真功能。仿真失败时会显示出错信息,提示可能出错的原因,仿真结果可随时储存和打印。

4.1.1　Multisim 主要仿真工具

本书以 Multisim 14.1 的教育版为基础(以下简称 Multisim),简要介绍 Multisim 的使用。在 Multisim 中可以仿真以下三种设计模型:

(1) 模拟元器件。Multisim 为有源和无源器件提供了广泛的模拟 SPICE 模型库,包括二极管、三极管以及运算放大器。每个模型都有一定的质量和精度要求。例如,BJT 模型包括了它所反映的全部 SPICE 3F5 Gummel-Poon 等效模型。诸如分压器、电容、电感和开关等可变元件,能够在仿真过程中以交互方式调节,以便立刻观察到这些改变所引起的电路效果。而像积分器和累加器等函数模块,可用在原理图中以设计控制系统。

(2) 数字元器件。在数字仿真中有两种模型可供选择,即使用理想化元器件以得到更快的仿真结果或者使用实际模型以得到更准确的结果。如果用户需要更快的仿真结果,而且设计电路并不依赖于数字元器件的详细性能,那么应选择理想模型。如果用户需要实际情况的波形来说明采用 LS 或 HC 元件的设计电路的响应如何,则应选择实际模型。

除了为 200 个数字元器件和集成电路具体指定 TTL 型或 CMOS 型之外,还可以从等级、集电极开路或者从缓冲器变化中作出选择。用户能够根据自己的仿真需要将一个或所有的元件专门设置为高电平、低电平、阈值电压以及上升或下降传递延时等状态。

(3) 混合元器件。因为在 Multisim 中任何模拟或数字元器件都能直接与其他元器件相连接,所以可以很方便地建立混合信号电路。这个软件在模拟和数字信号之间自动产生接口。但是因为许多设计需要混合信号集成电路,所以 Multisim 提供一个对混合元器件的特别选择,它们包括模/数转换器、数/模转换器(包括电流和电压两种)、单稳态多谐振荡器和 555 定时器等。

Multisim 软件提供的主要仿真工具有以下几类:

1．集成化工具

Multisim 的集成化工具包括全面集成化原理图编辑工具、SPICE 仿真和波形发生器以及分析工具。Multisim 支持仿真中电路的在线修改，通过虚拟测试设备和 14 种分析工具分析电路。

仿真器是交互式 32 位 SPICE 3F5，强化支持自然方式的数字和模/数混合元器件，自动插入信号转换界面，支持多级层次化元器件的嵌套，采用 GMIN 步进法，对于电路的大小和复杂度没有限制。

原理图编辑工具是分层的工作环境，手工调整元器件时可自动重排线路，自动分配元器件参考编号，对于电路的大小没有限制。

设计文件夹可同时存储所有设计电路信息，包括电路结构、SPICE 参数以及所有使用模型的设置和拷贝，以便设计数据共享和数据恢复。

接口可输入和输出标准的 SPICE 网表，与其他仿真器通信或利用已经存在的设计元器件，可输入生产制造者提供的模型和网表以供 Multisim 使用，可输出到 PCB 布局/布线工具中去。

2．分析

虚拟测试设备提供快捷、简单的分析。20 种分析工具在线显示图形并具有很大的灵活性。

3．虚拟测试设备

数字万用表：自动变化范围测量直流和交流电流、电压、电阻和损耗。

函数发生器：在 1 Hz～999 MHz 内产生方波、三角波和正弦波。可设置占空比、振幅和直流偏置。

示波器：是双通道或四通道示波器，时基范围从秒(s)变化到纳秒(ns)，在上升沿或下降沿由内部或外部触发，时间轴可移动，有两个数字光标，可保存数据到 ASCII 文件。

频谱绘图仪：对于频率扫描绘制幅度和相位。支持频率从 mHz 到 GHz，以对数或线性坐标绘制。

字符发生器：作为驱动电路的一个数字激励源编辑器，可产生最多达 32 K×16 位字。以 ASCII 码、二进制或十六进制显示，可进行数据编辑。可装载、保存、剪切、粘贴数据。支持断点和单步、冲击和连续波方式。为了保持同步，采用外部触发和数据准备就绪指示。

逻辑分析仪：支持前沿和后沿触发，外部和内部时钟，上升沿和下降沿。时钟要求同步数据。用户定义触发模式和触发规定。

逻辑转换器:在门电路、真值表和布尔逻辑表达式之间进行转换。

4. 元件

Multisim 提供的元件包括:

信号源:直流电压、直流电流、交流电压、交流电流、电压控制电压、电压控制电流、电流控制电压、电流控制电流、AM、FM、V_{CC}、时钟、脉宽调制、频移键控、多项式、分段线性可控、压控振荡器和非线性独立源。

基本元件:电阻、电容、电感、变压器、继电器、开关、时延开关、压控开关、电流控制开关、上拉电阻、可变电阻、极性电容、可变电容、可变电感、电感对和非线性变压器。

二极管:齐纳二极管、LED、肖特基二极管、二端可控硅开关、三端可控硅开关、全波桥式整流。

三极管:NPN 和 PNP 型 BJT、N 沟道和 P 沟道 JFET、3 终端和 4 终端加强型或耗尽型 N 沟道或 P 沟道 MOSFET。

3D 元器件:晶体管、电容、74LS160、二极管、电感器、发光二极管、MOS 管、直流电机、741、四输入与门、电位器、1 kΩ 电阻、移位寄存器 74LS165、3D 虚拟开关等。

MCU:调试 MCU 集成芯片的程序的相关应用。

LabVIEW 仪器:BJT 分析仪(BJT Analyzer)、阻抗计(Impedance Meter)、麦克风(Microphone)、扬声器(Speaker)、信号分析仪(Signal Analyzer)、信号发生器(Signal Generator)、流信号发生器(Streaming Signal Generator)。

PLD:对接器、PLD 设置、PLD 拓扑检查、导出到 PLD 等。

PLD 元器件:逻辑门、缓冲器、锁存器、触发器、编码器、解码器、计数器、加法器、比较器、转换器、分离器、移位寄存器、生成器、数字源、探针等。

Probe(探针):电流、电压、功率探针等。

额定虚拟元器件:NPN 额定型、PNP 额定型、二极管、电容、电感、电阻、电机、多种继电器等。

模拟集成电路:3 终端和 5 终端运算放大器、比较器和电压稳压器。

混合集成电路:A/D 转换器、D/A 转换器和电流转换器、555 定时器和单稳态多谐振荡器。

逻辑门:AND、OR、NOT、NOR、NAND、XOR、XNOR、三态缓冲器、缓冲器和施密特触发器。

数字元件:RS、JK 和 D 触发器,半加器和全加器,多路复用器,分路器,编码器和译码器。

指示:灯、电压表、电流表、探针、7 段译码显示、蜂鸣器、条码译码器。

控制：微分器、积分器、增益模块、传递函数、限幅器、乘法器、除法器和累加器。

其他：保险丝、有损和无损传输线、石英晶体、直流电动机、真空三极管和 Buck / Boost 转换器。

TTL 系列：74STD、74S、74LS、74F、74ALS、74AS。

CMOS 系列：CMOS_5V、CMOS_10V、CMOS_15V、74HC_2V、74HC_4V、74HC_6V、TinyLogic_2V～TinyLogic_6V。

模型：集成电路、逻辑门的 HC 等级、HC 缓冲、HC 泻放、LS 等级、LS 泻放、LS 集电极开路和 LS 集电极开路缓冲结构模型。

二极管：有 2700 个，选自 Motorola、General Instruments、International Rectifier、Zetex 和 Phillips 等公司。

三极管：有 2600 个，选自 Motorola、National Semiconductor、International Rectifier、Toshiba、Harris 和 Phillips 等公司，包括 NPN、PNP 的 BJT、JFET、MOSFET、SCR、三端可控硅开关以及 IGBT 的元件模型。

模拟集成电路：有 2700 多个，选自 Motorola、Texas Instruments、Maxim、Elantec、Analog Devices、Zetex、Burr-Brown 和 linear Technology 等公司，包括运算放大器、比较器和电压稳压器等模型。

其他元器件：虚拟 555、虚拟开关、虚拟晶体、虚拟数码管（带译码）。

4.1.2　基本界面

图 4.1.1 为 Multisim 14.1 的基本界面。界面中包括菜单栏、文件工具栏、视图栏、仪器仪表、元器件、仿真电源开关和状态栏等。除菜单栏不能随意调节位置外，其他各项均可根据需要调动。

4.1.3　元器件基本操作

常用的元器件编辑功能有 Rotate 90° clockwise（顺时针旋转 90°）、Rotate 90° counter clockwise（逆时针旋转 90°）、Flip horizontally（水平翻转）、Flip vertically（垂直翻转）、Component Properties（元件属性）等。这些操作可以在菜单栏 Edit 子菜单下选择命令，也可以选中器件，单击鼠标右键，应用快捷键进行快捷操作，可参见本章 4.2.1 节的相关内容。

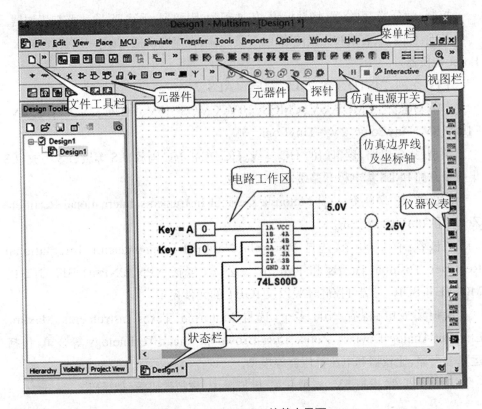

图 4.1.1   Multisim 的基本界面

4.1.4   文本基本编辑

对文字注释方式有两种,即直接在电路工作区输入文字或者在文本描述框输入文字,两种操作方式有所不同。

1. 电路工作区输入文字

单击 Place/Text 命令或使用 Ctrl + Alt + A 快捷操作,然后用鼠标单击需要输入文字的位置,输入需要的文字。用鼠标指向文字块,单击鼠标右键,在弹出的菜单中选择 Color 命令,选择需要的颜色。双击文字块,可以随时修改输入的文字。如图 4.1.2 所示。

2. 文本描述框输入文字

利用文本描述框输入文字不占用电路窗口,可以对电路的功能、实用说明等进行详细说明,可以根据需要修改文字的大小和字体。单击 View/Description Box 命令或使用快捷操作 Ctrl + D,打开电路文本描述框,在其中输入需要说明的文字,可以保存和打印输入的文本。

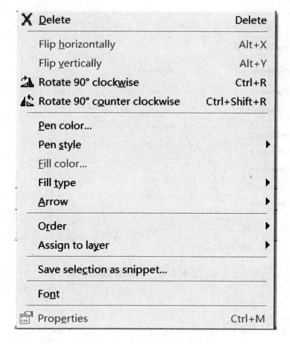

图 4.1.2　文本编辑

4.1.5　文件基本操作

与 Windows 常用的文件操作一样,Multisim 中也有 New(新建文件)、Open
(打开文件)、Save(保存文件)、Save As(另存文件)、Print(打印文件)、Print Setup
(打印设置)和 Exit(退出)等相关的文件操作。这些操作可以在菜单栏文件子菜单
下选择命令,也可以应用快捷键或工具栏的图标进行快捷操作。

4.1.6　图纸标题栏编辑

单击 Place / Title Block 命令,在打开对话框的查找范围处指向 Multisim /
Title blocks 目录,在该目录下选择一个 * . tb7 图纸标题栏文件,放在电路工作区。
用鼠标指向文字块,单击鼠标右键,在弹出的菜单中选择 Modify Title Block Data
命令,如图 4.1.3 所示。

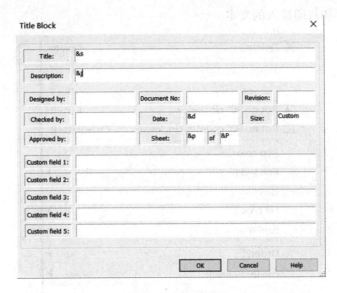

图 4.1.3　图纸标题栏

4.1.7　子电路创建

子电路是用户自己建立的一种单元电路。将子电路存放在用户器件库中,可以反复调用。利用子电路可使复杂系统的设计模块化、层次化,可增加设计电路的可读性、提高设计效率、缩短电路周期。创建子电路的工作需要以下几个步骤:选择、创建、调用、修改,如图 4.1.4 所示。

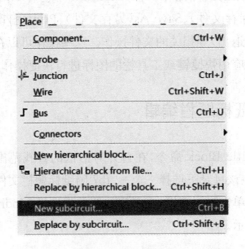

图 4.1.4　子电路

子电路选择:把需要创建的电路放到电子工作平台的电路窗口上,按住鼠标左键,拖动,选定电路。被选择电路的部分由周围的方框标示,完成子电路的选择。

子电路创建:单击 Place/Replace by subcircuit 命令,在屏幕出现 Subcircuit Name 的对话框中输入子电路名称 sub1,单击 OK,选择电路复制到用户器件库,同时给出子电路图标,完成子电路的创建。

子电路调用:单击 Place/Subcircuit 命令或使用 Ctrl + B 快捷操作,输入已创建的子电路名称 sub1,即可使用该子电路。

子电路修改:双击子电路模块,在出现的对话框中单击 Edit Subcircuit 命令,屏幕显示子电路的电路图,直接修改该电路图。

子电路的输入/输出:为了能对子电路进行外部连接,需要对子电路添加输入/输出。单击 Place/HB/SB Connecter 命令或使用 Ctrl + I 快捷操作,屏幕上出现输入/输出符号,将其与子电路的输入/输出信号端进行连接。带有输入/输出符号的子电路才能与外电路连接。

4.2　Multisim 菜单栏和工具栏

4.2.1　菜单栏

菜单栏的 11 个项目包括了该软件的所有操作命令。从左至右为:File(文件)(表 4.2.1)、Edit(编辑)(表 4.2.2)、View(窗口)(表 4.2.3)、Place(放置)(表 4.2.4)、MCU(表 4.2.5)、Simulate(仿真)(表 4.2.6)、Transfer(文件输出)(表 4.2.7)、Tools(工具)(表 4.2.8)、Reports(报告)(表 4.2.9)、Options(选项)(表 4.2.10)、Window(窗口)(表 4.2.11)和 Help(帮助)(表 4.2.12)。

表 4.2.1　File(文件)栏

命令	功能
New	建立一个新文件
Open	打开一个已存在的文件,文件格式: .ms9,ms8.ms7,.msm,.ewb,.cir,.utsch,.dsn..∗edf 等
Open samples	系统内的例子

续表

命令	功能
Close	关闭电路工作区的文件
Close all	关闭所有文件
Save	将电路工作区的文件存盘,默认文件格式为.ms9
Save ss	将电路工作区的文件另存为一个文件,默认文件格式为.ms9
Save sll	全部保存
Export template	导出模板
Snippets	选择保存为代码片段、将活动设计保存为代码片段、粘贴片段、打开片段文件
Projects and packing	项目与打包(新建项目、打开项目、保存项目、关闭项目、项目打包、项目解包、项目升级、版本控件)
Print	打印
Print preview	打印预览
Print options	打印设置(电路图打印设置、打印仪器)
Recent designs	选择打开最近曾打开过的设计
Recent projects	选择打开最近曾打开过的项目
File information	文件信息
Exit	退出并关闭 Multisim 14.1

其中一些命令,如 New Project、Open Project、Save Project、Close Project 和 Version Control 是指对某些专题文件进行处理,仅在专业版中出现,教育版中无此功能,故这里不再介绍。

表 4.2.2　Edit(编辑)菜单

命令	功能
Undo	取消前一次操作
Redo	恢复前一次操作
Cut	剪切选择的元器件到剪切板
Copy	复制选择的元器件到剪切板
Paste	将剪切板的元器件粘贴到指定的位置
Paste special	选择性粘贴

续表

命令	功能
Delete	删除选择的元器件
Delete Multi-Page	删除多页
Select All	选择电路中的所有元器件、导线和仪器仪表等
Find	查找电路原理图中的元器件
Merge selected buses	合并所选择的总线
Graphic Annotation	图形注解(填充色、画笔颜色、画笔样式、填充样式、箭头)
Order	命令(次序)置前或置后
Assign to Layer	分配层包括清除 ERC 标记、静电探针、注释、文字/图形的设定
Layer Settings	图层设置
Orientation	对选定器件进行水平翻转,垂直翻转,90°顺时针方向,90°逆时针方向
Align	调整左、右、中心、底部等对齐
Title Block Position	标题栏位置(右下、左下部、右上部、左上部)
Edit Symbol/Title Block	编辑符号/标题栏
Font	字体的相关设置
Comment	注释
Forms/Questions	表单/问题
Properties	选中的元器件的属性

表 4.2.3　View(窗口)菜单

命令	功能
Full screen	全屏幕
Parent sheet	母电路图
Zoom in	放大电路原理图
Zoom out	缩小电路原理图
Zoom area	放大区域
Zoom Sheet	缩放页面
Zoom to magnification	缩放到大小

命令	功能
Zoom selection	缩放所选内容
Grid	显示或关闭栅格
Border	显示或关闭边框
Print page bound	显示或关闭纸张边界
Ruler bars	标尺条
Status bar	状态栏
Design toolbox	显示设计工具箱
Spreadsheet View	电子表格视图
SPICE Netlist Viewer	SPICE 网表查看器
LabVIEW Co-simultion Terminals	虚拟仪器协同仿真终端
Circuit Parameters	电路参数
Description Box	显示或关闭描述窗口
Toolbars	工具栏选项包括标准、视图、主要、图形注释、三维元件、模拟元件、基本元件、二极管、晶体管元件、测量元件、杂项元件、元件、梯图、电源元件、标准虚拟元件、信号源元件、虚拟、仿真、仪器、描述编辑条等的显示选项
Show Comment/Probe	显示注释/探针
Grapher	显示或关闭图表窗口

表 4.2.4 Place(放置)菜单

命令	功能
Component	放置元器件
Probe	探针
Junction	放置连接点
Wire	放置导线
Bus	放置总线
Connectors	放置连接器包括 HBSC 连接器、分页连接器、总线 HBSC 连接器、总线分页连接器

续表

命令	功能
New hierarchical block	新建层次块
Hierarchical block from file	放置层次块
Replace by hierarchical block	用层次块替换
New subcircuit	新建子电路
Replace by subcircuit	重新替换子电路
New PLD subcircuit	新建 PLD 支电路
New PLD hierarchical block	新建 PLD 层次块
Multi-Page	放置主电路图中的其他页（多页）
Bus vector connect	总线导向连接
Comment	注释
Text	放置文字
Graphics	放置图形框
Circuit parameter legend	电路图例参数
Title block	放置标题栏
Place Ladder Rungs	放置梯形

表 4.2.5　MCU 菜单

命令	功能
No MCU component found	未找到 MCU 元器件
Debug view format	调试视图格式
MCU windows	MCU 窗口
Line numbers	行号
Pause	暂停
Step into	步入
Step over	步过
Step out	步出
Run to cursor	运行到光标
Toggle breakpoint	切换断点
Remove all breakpoints	移除所有断点

表 4.2.6　Simulate(仿真)菜单

命令	功能
Run	开始仿真
Pause	暂停仿真
Stop	停止仿真
Analyses and simulation	选择仿真分析方法,包括直流工作点分析、交流分析、瞬态分析、直流扫描分析、单频交流分析、参数扫描、噪声分析、蒙特卡罗分析、傅里叶分析、温度扫描分析、失真分析、灵敏度分析、最坏情况分析、噪声因数分析、零极点分析、传递函数分析、光迹宽度分析、导线宽度分析、用户自定义分析等
Instruments	选择仪器仪表
Mixed-mode simulation settings	混合模式仿真设置
Probe settings	探针设置
Reverse probe direction	反转探针方向
Locate reference probe	锁定参考探针
NI ELVIS II simulation setting	NI ELVIS II 仿真设置
Postprocessor	启动处理器
Simulation error log/audit trail	电路仿真错误记录、检查数据跟踪
XSPICE command line interface	XSPICE 命令窗口
Load simulation settings	载入仿真设置
Save simulation settings	保存仿真设置
Auto fault option	自动故障选项
Clear instrument data	清除仪器数据
Use tolerances	全部元器件容差设置

表 4.2.7　Transfer(文件输出)菜单

命令	功能
Transfer to Ultiboard	将电路图传给 Ultiboard
Forward annotate to Ultiboard	将 Multisim 的正向注解变更数据传给 Ultiboard 文件

命令	功能
Backward annotate from file	从文件反向注解
Export to other PCB layout file	将电路图传给其他 PCB 制图软件
Export SPICE netlist	导出 SPICE 网表
Highlight Selection in Ultiboard	在 Multisim 下选择的器件,在 Ultiboard 中以高亮度显示

表 4.2.8　Tools(工具)菜单

命令	功能
Component wizard	产生元器件导航
Database	数据库包括转换数据库、合并数据库、数据库管理、保存元件到数据库
Variant manager	变体管理器
Set active varint	设置有效变体
Circuit wizards	特殊电路包括 555 计时器向导、运算放大器向导、三极管共射放大器向导、滤波器向导
SPICE netlist viewer	SPICE 网表查看器
Advanced RefDes configuration	重命名/重新编号元件
Replace components	更换元器件
Update components	更新电路图上的元件
Update subsheet symbols	更新 HB/SC 符号
Elestrical rules check	产生并显示电路连接错误报告
Clear ERC markers	清除 ERC 标记
Toggle NC marker	切换未连接标记
Symbol Editor	符号编辑器
Title Block Editor	标题栏编辑器
Description Box Editor	说明框编辑器
Capture screen area	捕捉屏幕区域
View Breakboard	查看实验电路板
Online design resources	在线设计资源
Education websit	教育网站

表 4.2.9　Reports(报告)菜单

命令	功能
Bill of Materials	电路图使用器件报告
Component detail report	元器件详细参数报告
Netlist report	电路图网络连接报告
Cross reference report	产生主电路所有元器件详细列表
Schematic statistics	电路状态报告
Spare gates report	门电路报告

表 4.2.10　Options(选项)菜单

命令	功能
Global preferences	属性包括路径、保存、零件、常规等的设置
Sheet properties	图纸属性包括电路、工作区、配线、字体、PCB、可见等参数设置
Global restrictions	全局限制设置
Circuit restrictions	电路限制设置
Simplified version	简化版本
Lock toolbars	锁定工具栏
Customize interface	用户自定义界面包括对命令、工具栏、快捷键、菜单、选项等的设置

表 4.2.11　Window(窗口)菜单

命令	功能
New Window	新建窗口
Close	关闭
Close All	全部关闭
Cascade	各电路窗口叠放显示
Tile horizontal	水平平铺
Tile vertical	垂直平铺

续表

命令	功能
Next window	下一个窗口
Previous window	上一个窗口
Windows	窗口

表 4.2.12　Help(帮助)菜单

命令	功能
Multisim help	Multisim 主题帮助
NI ELVISmx help	NI ELVISmx 主题帮助
Getting Started	入门
New Features and Improvements	新特性和创新
Product tiers	产品层次
Patents	专业
Find examples	查找范例
About Multisim	关于 Multisim 的说明

4.2.2　元器件栏

元器件栏是在 Multisim 工具中使用较频繁的工具栏之一。为了使读者对各库元件有初步的认识,表 4.2.13 中列出了元器件栏中各库的主要功能说明。表中各项是否在作图窗口显示,可以用多种方式设定:在菜单栏中"Options"下拉中或在菜单栏空白处点击鼠标右键,选中"Customize interface",出现如图 4.2.1 所示界面,在"Toolbars"中,选择需要显示在工作界面的相关工具打"√"。若要锁定工具栏的位置,则将"Lock all docked toolbars"打"√";相反,则不打"√"。

表 4.2.13　元器件栏

图标	名称	功能
�	Sources	信号源库:含接地、直流信号源、交流信号源、受控源等 6 类
∿	Basic	基本元器件库:含电阻、电容、电感、变压器、开关、负载等 23 类

图标	名称	功能
	Diodes	二极管库:含虚拟、普通、发光、稳压二极管、桥堆、可控硅等 10 类
	Transistors	晶体管库:含双极型管、场效应管、复合管、功率管等 18 类
	Analog	模拟集成电路库:含虚拟、线性、特殊运放和比较器等 6 类
	TTL	TTL 数字集成电路库:含 74×× 和 74LS×× 等 6 系列
	CMOS	CMOS 数字集成电路库:含 74HC××、CMOS 器件和 TinyLogic 11 个系列
	MultiMCU	805x、PIC、RAM、ROM 4 个系列的器件
	Advanced Peripherals	先进的外设
	Miscellaneous Digital	数字器件库:含虚拟 TTL、DSP、FPGA、VHDL 器件等 10 个系列
	Mixed	混合器件库:含 ADC/DAC、555 定时器、模拟开关等 5 类
	Indicator	指示器件库:电压表、电流表、指示灯、数码管等 8 类
	RF	射频元器件库:含射频 NPN、射频 PNP、射频 FET 等 8 类
	Electromechanical	电机类器件库:含各种开关、继器、电机等 8 类
	Ladder Diagram	7 个系列的梯形图
	Hierarchical Black	放置电路块
	Bus	总线

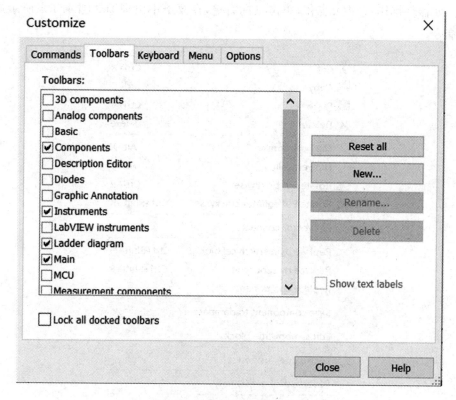

图 4.2.1　元器件的选择

4.3　Multisim 电路创建

4.3.1　元器件

选择元器件：在元器件栏中单击要选择的元器件库图标，打开该元器件库。在屏幕出现的元器件库对话框中选择所需的元器件，常用元器件库主要有信号源库、基本元器件库、二极管库、晶体管库、模拟集成电路库、TTL 数字集成电路库、CMOS 数字集成电路库、数字器件库、混合器件库、指示器件库、射频元器件库、电机类器件库等。

选中元器件：鼠标点击元器件，可选中该元器件。

元器件操作:选中元器件,单击鼠标右键,在菜单中出现即如图4.3.1所示操作命令。

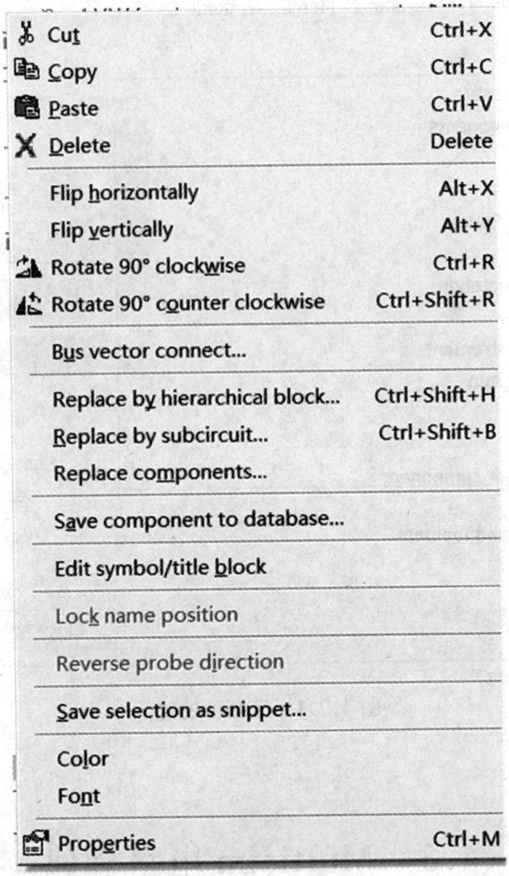

✂ Cut	Ctrl+X
📋 Copy	Ctrl+C
📋 Paste	Ctrl+V
✗ Delete	Delete
Flip horizontally	Alt+X
Flip vertically	Alt+Y
Rotate 90° clockwise	Ctrl+R
Rotate 90° counter clockwise	Ctrl+Shift+R
Bus vector connect...	
Replace by hierarchical block...	Ctrl+Shift+H
Replace by subcircuit...	Ctrl+Shift+B
Replace components...	
Save component to database...	
Edit symbol/title block	
Lock name position	
Reverse probe direction	
Save selection as snippet...	
Color	
Font	
Properties	Ctrl+M

图4.3.1　操作命令

Cut:剪切。

Copy:复制。

Paste:粘贴。

Delete:删除。

Flip horizontally:选中元器件的水平翻转。

Flip vertically:选中元器件的垂直翻转。

Rotate 90° clockwise:选中元器件的顺时针旋转90°。

Rotate 90° counter clockwise:选中元器件的逆时针旋转90°。

Bus vector connect:总线连接。

Replace by hierarchical block:层文件替换。

Replace by subcircuit：子电路替换。

Replace components：元器件替换。

Save component to database：将组件保存到数据库。

Edit symbol/title block：设置器件参数。

Lock name position：锁定/解锁网络定位。

Reverse probe direction：反向探针。

Save selection as snippet：将所选内容另存为代码段。

Color：设置器件颜色。

Font：字体。

Properties：元器件特性参数（属性）。

元器件特性参数：双击该元器件，在弹出的元器件特性对话框中，可以设置或编辑元器件的各种特性参数。元器件不同每个选项下将对应不同的参数。

例如：电阻的选项如图 4.3.2 所示：Label（标识）、Display（显示）、Value（数值）、Fault（故障）、Pins（引脚）。

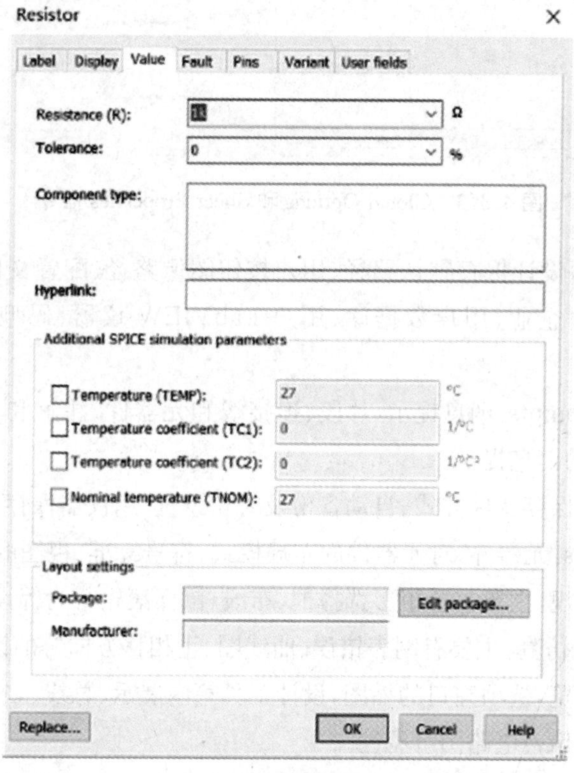

图 4.3.2　电阻的选项

4.3.2　电路图全局设置

电路图全局设置可以通过选择菜单 Options(选项)栏下的 Global Options(全局偏好)和 Sheet Properties(电路图属性)命令实现,出现如图 4.3.3 所示的对话框,每个选项下又有各自不同的对话内容,用于设置与电路显示方式相关的选项。

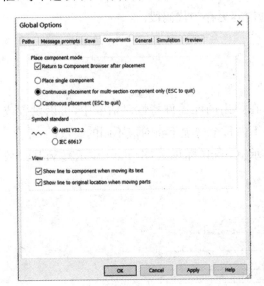

图 4.3.3　Global Options 和 Sheet Properties 命令

Paths:路径,设计保存默认路径、用户按钮图像路径、配置文件及新用户配置文件、主数据库、企业、用户数据库、用户 LabVIEW 仪器、码型、Xilinx 工具等路径。

Message prompts:消息提示,片段、连接线和元器件、注解和导出、NI 范例查找、项目打包等的消息提示。

Save:保存,保存文件方式、自动备份及时长设置、用仪器保存仿真数据等。

Components:元器件,对元器件的布局模式、符号标准、视图的相关设置。

General:常规,主要包括矩形选择框、布线、鼠标滚轮行为等设置。

Simulation:仿真,主要有网表错误、曲线图、正相移方向等的设置。

Preview:预览,选项窗口的缩图,设计工具箱内展示、总线、多页等的设置。

Sheet visibility:电路图可见性。

Colors:颜色,主要有颜色方案及预览效果图。

Workspace 选项:Workspace 选项有三个栏目。Show 栏目实现电路工作区显示方式的控制；Sheet size 栏目实现图纸大小和方向的设置；Zoom level 栏目实现电路工作区显示比例的控制。

Wiring 选项：Wiring 选项有两个栏目。Wire width 栏目设置连接线的线宽；Autowire 栏目控制自动连线的方式。

Font 选项：Font 选项可以选择字体、选择字体的应用项目以及应用范围等栏目。

PCB 选项：PCB 选项选择与制作电路板相关的命令。

Layer settings 选项：各层透明度的相关设置。

Sheet Properties/Sheet visibility/Component(元器件)下有：

Labels：是否显示元器件的标识文字。

RefDes：是否显示元器件的序号。

Values：是否显示元器件数值。

Initial conditions：是否显示初始条件。

Tolerance：是否显示容差。

Variant data：是否变量数据。

Attributes：是否显示元器件属性。

Symbol pin names：符号管脚名称(此项有三个选择,即不显示,显示、部分显示)。

Package pin names：印迹管脚名称(此项有三个选择,即不显示,显示、部分显示)。

Net names：是否显示/隐藏节点编号。

4.3.3　导线

主要涉及的操作有导线的形成、导线的删除、导线颜色设置(此颜色与其相连接的图形如波形线条颜色一致)、导线连接点、在导线中间插入元器件,选中要编辑的导线,点鼠标右键,出现如图 4.3.4 所示的下拉菜单。

4.3.4　输入/输出

单击 Place/Connectors 命令,屏幕上会出现输入/输出符号：□——,选中该符

图 4.3.4　导线的编辑

号,左键双击,在弹出窗口中的 Direction 处设定输入/输出连接或直接选择下拉菜单 Place/Connectors/Input(Output)Connector,都可以实现电路的输入/输出信号的连接。子电路的输入/输出端必须有输入/输出符号,否则无法与外电路进行连接。

4.3.5　创建第一个 Multisim 电路

(1) 启动 Multisim 电路。在"开始"→"所有程序"→"Multisim 14.1"的选项中选择 Multisim 14.1.exe 文件,如图 4.3.5 所示,出现如图 4.3.6 所示的 Multisim 界面窗口(包括工具栏、菜单栏、元件栏、电路窗口等)。

图 4.3.5　Multisim 14 的启动

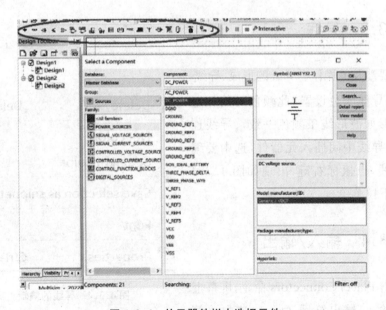

图 4.3.6　从元器件栏中选择元件

　　(2) 点击元件栏或菜单栏的"放置"(Place)→"元器件"(Components),即弹出元件选择对话框,在组(Group)的下拉框中选择相应的元件组,再在族(Family)中选择不同的类别,然后在元件栏选中所需的元件,单击"OK"按钮,最后把被选的元件拉到电路窗口中,这就完成了放置元件的工作。参考图 4.3.7(a)～图 4.3.7(d)学习选择与门非与集成器件的方法,图 4.3.7(e)中,可在 74LS 中选择 A～D 的任何一组或多组,74LS_IC 中选择集成器件,输入变量 A、B 可以在元件库里搜索"interactive"或"INTERACTIVE"(不区分大小写),如图 4.3.7(d)所示,当不知道是哪个大类库里时,可以选择"All groups"和"All families"。

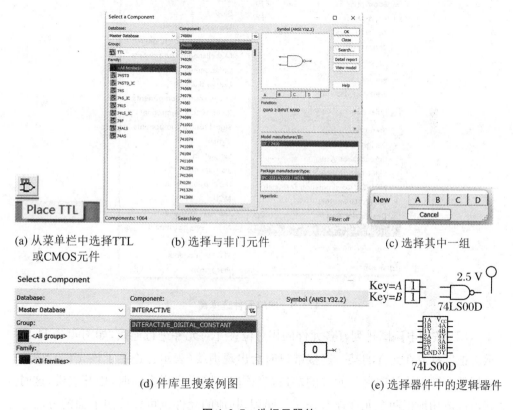

(a) 从菜单栏中选择TTL　　　(b) 选择与非门元件　　　(c) 选择其中一组
　　或CMOS元件

(d) 件库里搜索例图　　　　　　(e) 选择器件中的逻辑器件

图 4.3.7　选择元器件

　　特别说明:Multisim 14.1 版本与以前版本的元件选择的不同点在于,Multisim 14.1 的 Components 元件值不是固定的,能随意改动,虚拟元件(Basic,在非工作区的上面或左边鼠标单击右键可选中 Basic,如图 4.3.7(c)图所示,或左键单击 View→Toolbars,如图 4.3.8 所示)也可以更改其元件值。如果元件需要垂直或水平或旋转放置,可以在已选定该元件的情况下,用鼠标单击菜单栏的 Edit 菜单的水平翻转(Flip horizontally)、垂直翻转(Flip vertically)、顺时针旋转(Rotate 90°

clockwise)、逆时针旋转（Rotate 90° counter clockwise）选项，如图 4.3.9 所示。其他元件同理。双击虚拟元件符号输入控键"INTERACTIVE"，可以修改元件的属性参数，如图 4.3.10 所示。

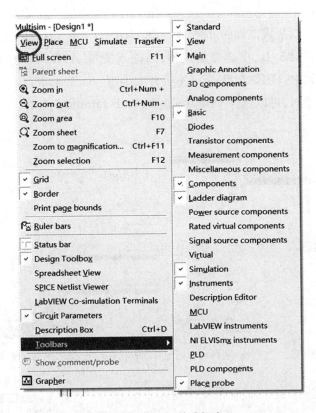

4.3.8　虚拟元件选择窗

（3）按照电路图排列好各元件的相对位置并对元件进行连线，如图 4.3.11 所示。把鼠标放在元件的某一连接端口时会出现虚线（表示已连上了该元件），按住鼠标的左键把线拉向另一元件的端口，当该端口同样出现虚线时，松开左键，这时就可以成功地把两个元件连起来了。同理，其他的元件也可以按照上面的方法一一相连。

（4）在电路的输入和输出端接示波器（或其他测试仪器），其取出过程是先选中仪器库，再从库中选取函数信号发生器和示波器图标，如图 4.3.12 所示。图 4.3.13 为含有输入、输出的与非门逻辑测试电路。选中函数信号发生器图标，双击鼠标左键将弹出如图 4.3.14 所示的函数信号发生器的设置对话框。注意在选用仪器后，电路中的信号源"sourses"库里的"ground"与相关仪器的地相连才能正常运行。

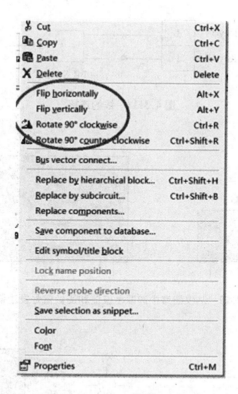

图 4.3.9　改变元件的放置位置

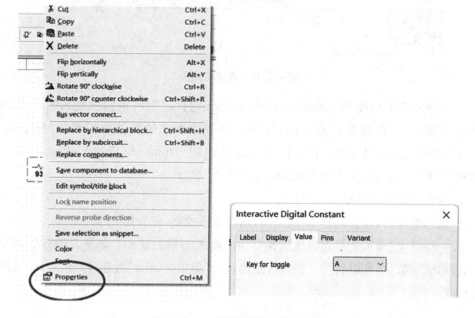

图 4.3.10　元件属性修改对话框

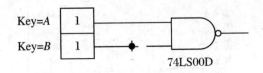

图 4.3.11　线的连接

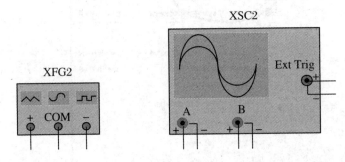

图 4.3.12　从仪器库中选取示波器和函数信号发生器图标

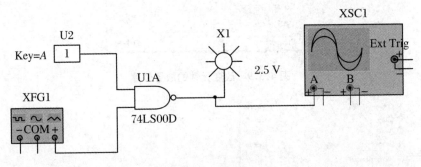

图 4.3.13　测试电路图

在图 4.3.8 中的"Toolbars"的"Simulation"打"√"后,可以出现如图 4.3.15 所示的界面,用鼠标左键点击运行,停止及暂停当前的其他分析要用"Interactive",否则会用其他分析方法进行运行,如果出现"There are no valid output variables."提示,看分析是否为"Interactive"项。

观察示波器的波形。

电路启动后,需要调整示波器的时基和通道控制,使波形显示正常。

一般情况下,示波器连续显示并自动刷新所测量的波形。如果希望仔细观察和读取波形数据,可以暂停。如需恢复运行,可单击"Pause"按钮(图 4.3.16)或按 F6 键。

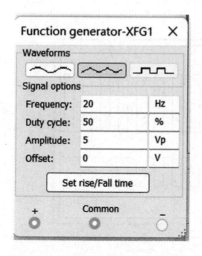

图 4.3.14　函数信号发生器的设置

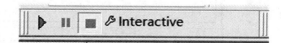

图 4.3.15　仿真的启动与停止

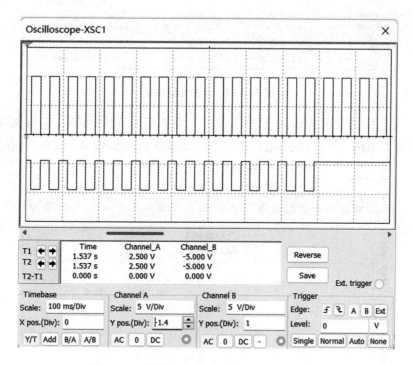

图 4.3.16　与非门逻辑电路的输入和输出波形

　　图 4.3.16 所示的波形为与非门逻辑电路的输入和输出波形。示波器的波形分析结果如图 4.3.17 所示,图中上面的波形为输入波形,下面的波形为输出波形,通过移动在示波器的显示图中的游标,就可以读出输入、输出的峰-峰值,此电路仿真过程中演示了输入变量由 1 变到 0 的过程。

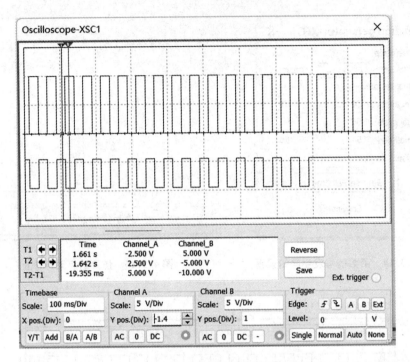

图 4.3.17　波形分析结果

　　图 4.3.18 为交流分析(分析方法参照本章 4.5.2 节)结果图。电路生成后可以将其存为电路文件,以备调用。存储方法是选择 File/Save As(文件/另存为)命

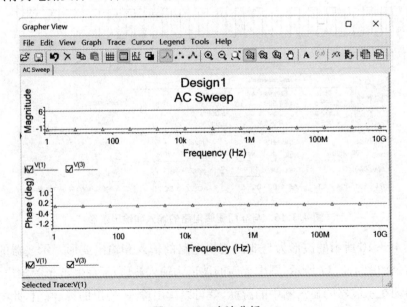

图 4.3.18　交流分析

令或 File/Save（文件/保存）命令。弹出对话框后，选择合适的路径并输入文件名，再按下"保存"按钮完成电路文件的存盘。Multisim 14.1 会自动为电路文件添加后缀".ms14"。

　　若需载入电路文件可选 File/Open（文件/打开）命令，弹出对话框后，选择文件所在的路径，选择该文件，再按"打开"按钮即可完成电路文件的载入。

4.4　Multisim 仪器仪表使用

　　Multisim 在仪器仪表栏（图 4.4.1）中提供了 19 个常用仪器仪表，依次为数字万用表、函数发生器、瓦特表、双通道示波器、四通道示波器、波特图仪、频率计、数字信号发生器、逻辑变换器、逻辑分析仪、逻辑转换器、Ⅳ 分析仪、失真度仪、频谱分析仪、网络分析仪、Agilent 信号发生器、Agilent 万用表、Agilent 示波器、Troktronix 示波器、LabVIEW 仪器、NI ELVISmx 仪器、电波探针。

图 4.4.1　仪器仪表栏

4.4.1　数字万用表（Multimeter）

　　Multisim 提供的万用表外观和操作与实际的万用表相似，可以测电流（A）、电压（V）、电阻（Ω）和分贝（dB），测交流或直流信号。选中万用表图示并双击鼠标左键，弹出如图 4.4.2 所示的中间窗口（其他仪器打开方式类同），万用表有正极和负极两个引线端。用鼠标单击表面板上的"设定"（Set...）按钮，则弹出如图 4.4.2 所示的对话框。在该对话框中可以设置数字万用表的电流挡内阻、电压挡内阻、电阻挡电流及分贝标准电压等内部参数。

　　万用表的电流（A）挡：用于测量通过一个节点的电流。测量电流时应将万用表与负载串联。要测量电路中另一节点的电流，必须重新连接电路。注意：电流表的内阻设置应很小，为 nΩ 数量级。

　　万用表的电压（V）挡：用于测量两节点间的电压。选择电压挡时应将万用表与负载并联。注意：电压表的内阻设置应很大，为 TΩ 数量级。

　　万用表的电阻（Ω）挡：用于测量两个测试点间的电阻值。在测量电阻时，要注

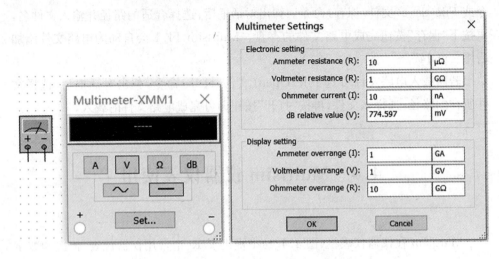

图 4.4.2　数字万用表

意被测元件或元件网络要接地,并且没有与电源连接。

万用表的分贝(dB)挡:用于测量两点间的分贝损耗。计算分贝值的分贝标准预置为 1 V,但可以通过"设置"按钮来改变。

万用表的交流工作方式:选择"交直流选择"按钮的"～",万用表的测量值为交流信号电压或电流的有效值(均方根)。被测信号中的直流分量被隔离,测量的量为交流分量。

万用表的直流工作方式:选择"交直流选择"按钮的"—",万用表的测量值为信号电压或电流的直流分量,信号中的交流分量被隔离。

4.4.2　函数信号发生器(Function Generator)

Multisim 提供的函数信号发生器可以产生正弦波、三角波和矩形波,信号频率可在 1 Hz～999 MHz 范围内调整。选中函数信号发生器图示并双击鼠标左键,弹出如图 4.4.3 所示窗口(其他仪器打开方式类同)。信号的幅值、占空比及偏移量等参数也可以根据需要进行调节。信号发生器有 3 个引线端口:负极、正极和公共端。

函数信号发生器的输出波形、工作频率、占空比、幅度和直流偏置,可由鼠标来选择"波形选择"按钮和在各窗口设置相应的参数来实现。其频率设置范围为 1 Hz～999 MHz,占空比调整值范围为 1%～99%,幅度设置范围为 1 V～999 kV,偏置设置范围为 -999 V～99 kV。

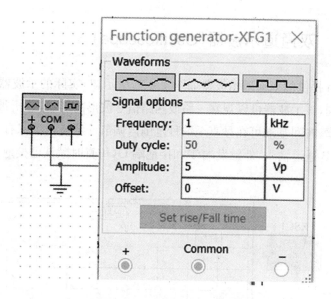

图 4.4.3　函数信号发生器

4.4.3　瓦特表(Wattmeter)

Multisim 瓦特表用来测量电路交、直流的功率大小。也就是说,电势差和电流经过一个电路时在当前终端所产生的影响,在瓦特表中被显示。瓦特表也显示功率因数(Power factor),功率因数是电压和电流间的相位角的余弦。瓦特表的图标及连接方式如图 4.4.4 所示。瓦特表有 4 个引线端口:电压(Voltage)正极和负极、电流(Current)正极和负极。

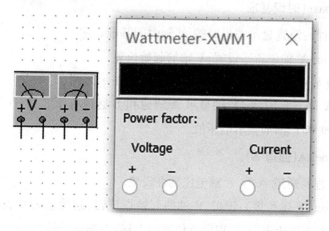

图 4.4.4　瓦特表

4.4.4 双通道示波器(Oscilloscope)

Multisim 提供的双通道示波器如图 4.4.5 所示,与实际的示波器外观和基本操作基本相同,该示波器可以观察一路或两路信号波形的形状,分析被测周期信号的幅值和频率,时间基准可在秒直至纳秒范围内调节。示波器图标有 4 个连接点: A 通道输入、B 通道输入、外触发端 T 和接地端 G(仿真时默认已接地信号)。

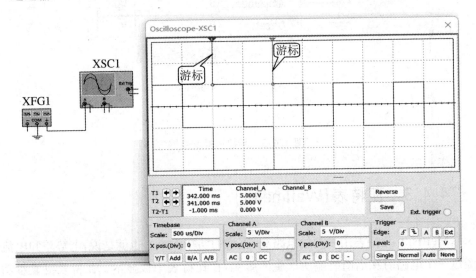

图 4.4.5　双通道示波器

示波器的控制面板分为 4 个部分:

1. Timebase(时间基准)

Scale(量程):设置显示波形时的 X 轴时间基准。

X position(X 轴位置):设置 X 轴的起始位置。

设置 4 种显示方式:Y/T 方式指的是 X 轴显示时间,Y 轴显示电压值;Add 方式指的是 X 轴显示时间,Y 轴显示 A 通道和 B 通道电压之和;A/B 或 B/A 方式指的是 X 轴和 Y 轴都显示电压值。

2. Channel A(通道 A)

Scale(量程):通道 A 的 Y 轴电压刻度设置。

Y position(Y 轴位置):设置 Y 轴的起始点位置,起始点为 0 表明 Y 轴和 X 轴重合,起始点为正值表明 Y 轴原点位置向上移,否则向下移。

触发耦合方式:AC(交流耦合)、0(0 耦合)或 DC(直流耦合),交流耦合只显示交流分量,直流耦合显示直流和交流之和,0 耦合在 Y 轴设置的原点处显示一条直线。

3. Channel B(通道 B)

通道 B 的 Y 轴量程、起始点、耦合方式等项内容的设置与通道 A 相同。

4. Trigger(触发)

触发方式主要用来设置 X 轴的触发信号、触发电平及边沿等。

Edge(边沿):设置被测信号开始的边沿,设置先显示上升沿或下降沿。

Level(电平):设置触发信号的电平,使触发信号在某一电平时启动扫描。

触发信号选择:Auto(自动)、通道 A 和通道 B 表明用相应的通道信号作为触发信号;Ext 为外触发;Single 为单脉冲触发;Normal 为一般脉冲触发。

另外,示波器中的"Reverse"可以设置背景黑、白色。波形颜色可以通过修改连接线的颜色进行设定。

4.4.5　四通道示波器(4 Channel Oscilloscope)

四通道示波器与双通道示波器的使用方法和参数调整方式完全一样,只是多了一个通道控制器旋钮,当旋钮拨到某个通道位置,才能对该通道的 Y 轴进行调整。如图 4.4.6 所示调节 B 通道的 Y 轴。

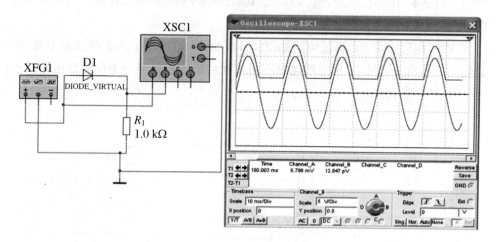

图 4.4.6　四通道示波器

4.4.6 波特图仪(Bode Plotter)

利用波特图仪可以方便地测量和显示电路的频率响应,波特图仪适合于分析滤波电路或电路的频率特性,特别易于观察截止频率。

波特图仪需要连接两路信号,一路是电路输入信号,另一路是电路输出信号,需要在电路的输入端接交流信号。

波特图仪控制面板分为 Magnitude(幅值)或 Phase(相位)的选择、Horizontal(横轴)设置、Vertical(纵轴)设置、显示方式的其他控制信号,面板中的 F 指的是终值,I 指的是初值。在波特图仪的面板上,可以直接设置横轴和纵轴的坐标及参数。

在坐标控制面板上,按下"Log"按钮,则坐标以对数(底数为 10)的形式显示;按下"Lin"按钮,则坐标以线性的结果显示。

(1) 水平坐标标度(1 MHz~1 THz)。水平坐标轴或 X 轴总是显示频率值。它的标度由水平轴的初值(I)或终值(F)决定。在信号频率范围很宽的电路中,分析电路频率响应时,通常选用对数坐标(以对数为坐标所给出的频率特性曲线称为波特图)。

(2) 垂直坐标标度。垂直轴的单位和精度与测量的是大小值还是相位差以及使用的基准有关。当测量电压增益时,垂直轴显示输出电压与输入电压之比。若使用对数基准,则单位是分贝。如果使用线性基准,则显示的是比值。当测量相位时,垂直轴总是以度为单位显示相位角。

例如:构造一阶 RC 滤波电路如图 4.4.7 所示,输入端加入正弦波信号源,电路输出端与示波器相连,目的是观察不同频率的输入信号经过 RC 滤波电路后输出信号的变化情况。

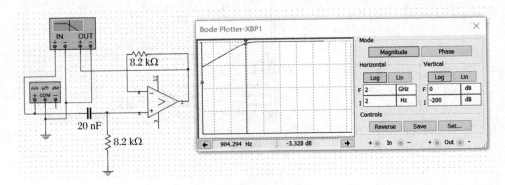

图 4.4.7 RC 滤波电路

调整纵轴幅值测试范围的初值 I 和终值 F,调整相频特性纵轴相位范围的初值 I 和终值 F。打开仿真开关,点击幅频特性,在波特图观察窗口可以看到幅频特性曲线(图 4.4.8);点击相频特性,在波特图观察窗口可以看到相频特性曲线(图 4.4.9)。

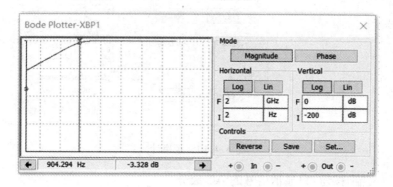

图 4.4.8　幅频特性曲线

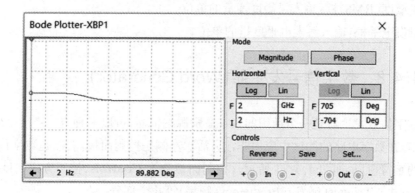

图 4.4.9　相频特性曲线

4.4.7　频率计(Frequency counter)

频率计主要用来测量信号的频率、周期、相位,脉冲信号的上升沿和下降沿,频率计的图标、面板以及使用如图 4.4.10 所示。使用过程中应注意根据输入信号的幅值调整频率计的 Sensitivity(灵敏度)和 Trigger level(触发电平)。

Freq(频率)按钮:测量频率。

Pulse(脉冲)按钮:测量连续的正负脉冲。

Period(周期)按钮:测量单一周期的时间。

Rise/Fall(上升/下降)按钮:测量单一周期上升和下降的时间。

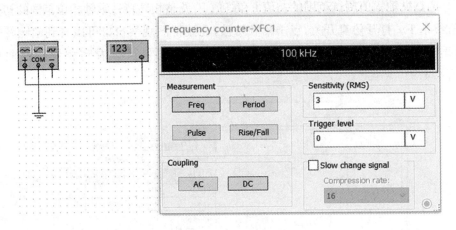

图 4.4.10　频率计

AC（交流）按钮：只显示信号的 AC 成分。

DC（直流）按钮：显示 AC 的总数及信号的直流成分。

灵敏度（RMS）框：输入灵敏度度量的单位。

触发电平框：输入触发电平度量的单位。

4.4.8　数字信号发生器（Word Generator）

数字信号发生器是一个通用的数字激励源编辑器，可以多种方式产生 32 位的字符串，在数字电路的测试中应用非常灵活。左侧是控制面板，右侧是数字信号发生器的字符窗口，如图 4.4.11 所示。控制面板分为 Controls（控制方式）、Display（显示方式）、Trigger（触发）、Frequency（频率）等几个部分。

在数字信号编辑区，32 位数字信号以 8 位十六进制数编辑和存放。可以存放 8192 条数字信号，地址编号为 0～2000。

将光标指针移至数字信号编辑区的某一位，用鼠标单击后，由键盘输入十六进制数码的数字信号，光标自左至右，自上至下移位，可连续地输入数字信号。

数字信号发生器被激活后，数字信号按照一定的规律逐行从底部的输出端送出，同时在面板的底部对应于各输出端的 32 个小圆圈内，将实时显示输出数字信号各个位的值。

数字信号的输出方式分为 Step（单步）、Burst（单帧）和 Cycle（循环）三种方式。单击一次"Step"按钮，数字信号输出一条。这种方式可用于对电路进行单步调试。单击"Burst"按钮，则从首地址开始至末地址连续逐条地输出数字信号。单击"Cycle"按钮，则循环不断地进行 Burst 方式的输出。

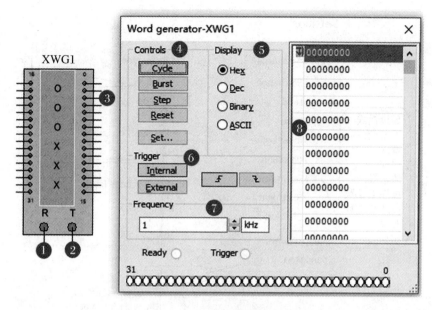

图 4.4.11　数字信号发生器

① 数据备用信号端；② 外触发输入；③ 32 位数字信号输出端；④ 控制方式：循环、单帧、单步；⑤ 显示方式：十六进制、十进制、二进制、ASCII 码；⑥ 触发方式：内部触发、外部触发；⑦ 控制频率；⑧ 数字信号编辑区。

　　Burst 和 Cycle 情况下的输出节奏由输出频率的设置决定。选中某地址的数字信号后，按下鼠标右键，选择"set break-point"，则该地址被设置为中断点。在 Burst 输出方式时，当运行至该地址时输出暂停，再按 F5 键则恢复输出。

　　图 4.4.12 为数字信号发生器的预设模式，数字信号的触发（Trigger）分为 Internal（内部）和 External（外部）两种触发方式。当选择 Internal 触发方式时，数字信号的输出直接由输出方式按钮（Step、Burst、Cycle）启动（图中仿真时选用 Cycle）。当选择 External 触发方式时，则需接入外触发脉冲，并定义是"上升沿触发"还是"下降沿触发"，然后单击输出方式按钮，待触发脉冲到来时才启动输出。此外，在数据准备好输出端还可以得到与输出数字信号同步的时钟脉冲输出，初始值更改时，需点击如图 4.4.11 所示界面中的"Reset"，新的数值才有效。

4.4.9　逻辑分析仪（Logic Analyzer）

　　Multisim 提供了 16 路的逻辑分析仪，用于对数字逻辑信号的高速采集和时序分析。逻辑分析仪的图标如图 4.4.13 所示。逻辑分析仪的连接端口有 16 路信号输入端、外接时钟端 C、时钟限制 Q 以及触发限制 T。

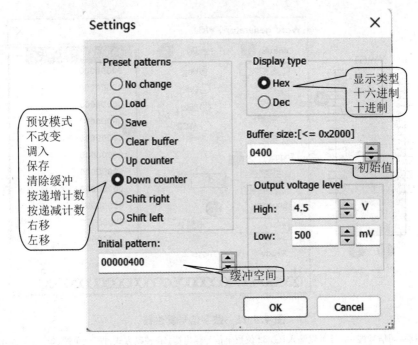

图 4.4.12　数字信号发生器的预设模式

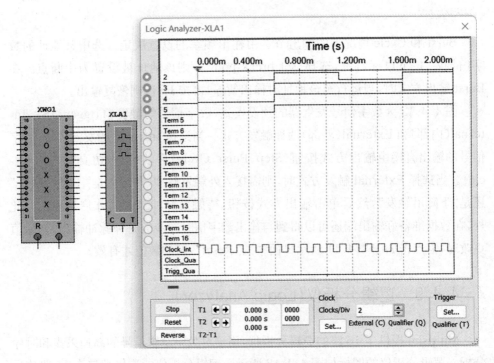

图 4.4.13　逻辑分析仪与数字信号发生器的连接

面板分上下两个部分,上半部分是显示窗口,下半部分是逻辑分析仪的控制窗口,控制信号包括 Stop(停止)、Reset(复位)、Reverse(反相显示)、Clock(时钟)设置和 Trigger(触发)设置。

Clock Setup(时钟设置)对话框如图 4.4.14 所示。

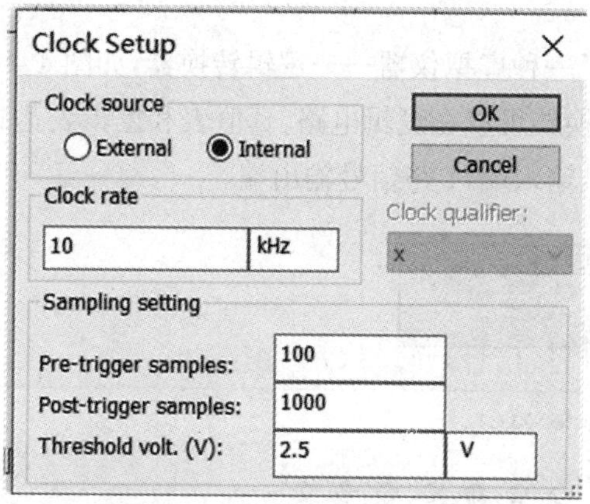

图 4.4.14　时钟设置对话框

Clock source(时钟源):选择外触发或内触发。

Clock rate(时钟频率):在 1 Hz~100 MHz 范围内选择。

Sampling setting(取样点设置):Pre-trigger samples(触发前取样点)、Post-trigger samples(触发后取样点)和 Threshold voltage(开启电压)设置。

点击 Trigger 下的"Set"(设置)按钮时,出现 Trigger Settings(触发设置)对话框如图 4.4.15 所示。Trigger clock edge(触发边沿):Positive(上升沿)、Negative(下降沿)、Both(双向触发)。

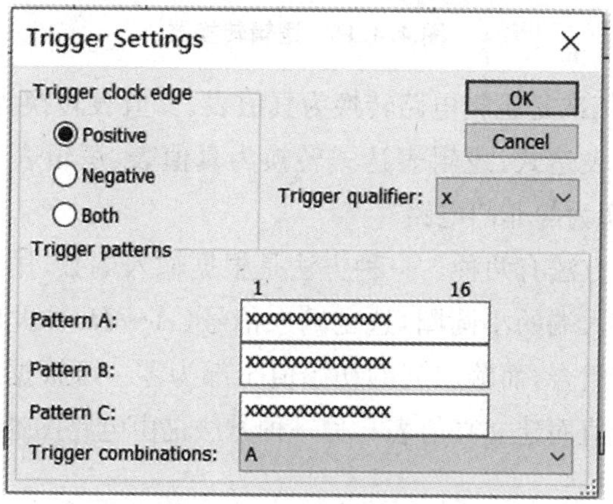

图 4.4.15　触发设置对话框

Trigger patterns(触发模式)：由 A、B、C 定义触发模式，在 Trigger combinations（触发组合）下有 21 种触发组合可以选择。

4.4.10 逻辑转换器（Logic Converter）

Multisim 提供了一种虚拟仪器——逻辑转换器，如图 4.4.16 所示。实际中没有这种仪器，逻辑转换器可以在逻辑电路、真值表和逻辑表达式之间进行转换。逻辑转换器有 8 路信号输入端，1 路信号输出端。

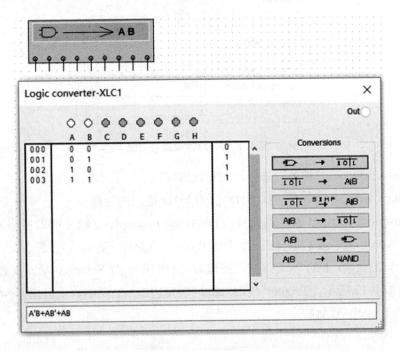

图 4.4.16　逻辑转换器

6 种转换功能依次是逻辑电路转换为真值表、真值表转换为逻辑表达式、真值表转换为最简逻辑表达式、逻辑表达式转换为真值表、逻辑表达式转换为逻辑电路、逻辑表达式转换为与非门电路。

真值表的建立方法有两种。一种方法是根据输入端数，用鼠标单击逻辑转换仪面板顶部代表输入端的小圆圈，选定输入信号（A～H）。此时真值表区自动出现输入信号的所有组合，而输出列的初始值全部为零。可根据所需要的逻辑关系修改真值表的输出值而建立真值表。另一种方法是由电路图通过逻辑转换仪转换成真值表。

对已在真值表区建立的真值表，用鼠标单击"真值表→逻辑表达式"按钮，在面板的底部逻辑表达式栏将出现相应的逻辑表达式。如果要简化该表达式或直接由真值表得到简化的逻辑表达式,则单击"真值表 + 简化表达式"按钮后,在逻辑表达式栏中将出现相应的该真值表的简化逻辑表达式。在逻辑表达式中的"′"表示逻辑变量的"非"。

可以直接在逻辑表达式栏中输入逻辑表达式("与—或"式及"或—与"式均可),然后按下"表达式→真值表"按钮得到相应的真值表;按下"表达式→电路"按钮得到相应的逻辑电路;按下"表达式→与非门电路"按钮得到由与非门构成的逻辑电路。

4.4.11 Ⅳ 分析仪(Ⅳ Analyzer)

Ⅳ 分析仪专门用来分析晶体管的伏安特性曲线,如二极管、NPN 管、PNP 管、NMOS 管、PMOS 管等器件。Ⅳ 分析仪相当于实验室的晶体管图示仪,需要将晶体管与连接电路完全断开,才能进行 Ⅳ 分析仪的连接和测试,如图 4.4.17 所示。

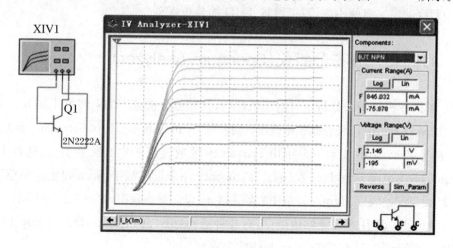

图 4.4.17 Ⅳ 分析仪

Ⅳ 分析仪有 3 个连接点,实现与晶体管的连接。Ⅳ 分析仪面板左侧是伏安特性曲线显示窗口;右侧是功能选择。

4.4.12 失真度仪(Distortion Analyzer)

失真度仪专门用来测量电路的信号失真度,如图 4.4.18 所示,失真度仪提供的频率范围为 20 Hz～100 kHz。

面板最上方给出测量失真度的提示信息和测量值。

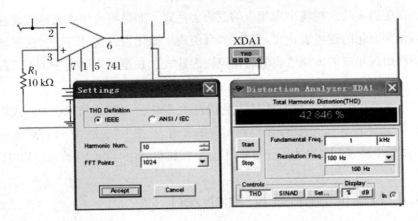

图 4.4.18　失真度仪

Fundamental Freq(分析频率)处可以设置分析频率值;选择分析 THD(总谐波失真)或 SINAD(信噪比),单击"Set"按钮,打开设置窗口,如图 4.4.18 所示,由于 THD 的定义有所不同,可以设置 THD 的分析选项。

4.4.13　频谱分析仪(Spectrum Analyzer)

频谱分析仪用来分析信号的频域特性,其频域分析范围的上限为 4 GHz。

Span Control 用来控制频率范围,选择 Set Span 的频率范围由 Frequency 区域决定;选择 Zero Span 的频率范围由 Frequency 区域设定的中心频率决定;选择 Full Span 的频率范围为 1 kHz~4 GHz。Frequency 用来设定频率:Span 设定频率范围、Start 设定起始频率、Center 设定中心频率、End 设定终止频率,如图 4.4.19 所示。

Amplitude 用来设定幅值单位,有 3 种选择:dB、dBm、Lin。Db = 10log 10V;dBm = 20log 10(V/0.775);Lin 为线性表示。

Resolution Freq 用来设定频率分辨的最小谱线间隔,简称频率分辨率。

4.4.14　网络分析仪(Network Analyzer)

网络分析仪主要用来测量双端口网络的特性,如衰减器、放大器、混频器、功率分配器等。Multisim 提供的网络分析仪可以测量电路的 S 参数,并计算出 H、Y、Z 参数,如图 4.4.20 所示。网络分析仪是高频电路中最常用的仪器之一。现实中的网络分析仪是一种测试双端口高频电路的 S 参数的仪器。其中,两个端子 P1、P2 分别用来连接电路的输入端口及输出端口。

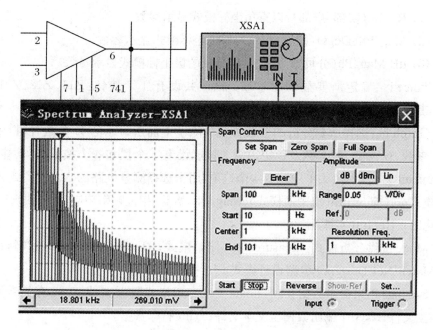

图 4.4.19　频谱分析仪

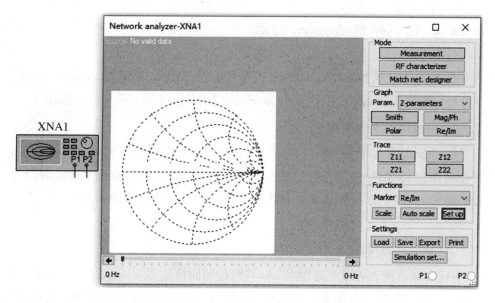

图 4.4.20　网络分析仪

网络分析仪的面板介绍如下：

显示区：显示电路的 4 种参数、曲线及图形。

Functions Marker 区：选择左边显示屏里所显示资料的模式。点击下拉菜单，其中设有 3 个选项，其作用如下：

(1) Re/Im(实部/虚部),以直角坐标模式显示参数。

(2) Mag/Ph(Degs)(幅度/相位),以极坐标模式显示参数。

(3) dB Mag/Ph(分贝数/相位),以分贝的极坐标模式显示参数。

Trace 区:确定所要显示的参数。该区共设有 4 个按钮:Z11、Z12、Z21 和 Z22,其中被点击的按钮表示要显示该参数(不同的参数,按钮的名称不同)。

Graph 区:选择所要分析的参数种类。除了上面所显示的 Z 参数外,栏中还有 S 参数、H 参数、Y 参数及稳定因素。该区设有 1 个栏和 4 个按钮,其功能是:Parameter 栏,其下拉菜单中设有 4 个选项,用于选择测量电路的 S、H、Y 或 Z 参数;模式选择有 Smith(史密斯模式)、Mag/Ph(增益/相位频率响应,波特图)、Polar(极化图)、Re/Im(实部/虚部)。

Mode 提供分析模式:Measurement 测量模式;RF Characterizer 射频特性分析;Match Net Designer 电路设计模式。

Settings 用来提供数据管理:Load 读取专用格式数据文件;Save 存储专用格式数据文件;Export 输出数据至文本文件;Print 打印数据。

Simulation Set 按钮用来设置不同分析模式下的参数。

4.4.15　仿真 Agilent 仪器

仿真 Agilent 仪器有 3 种:Agilent 信号发生器、Agilent 万用表、Agilent 示波器。这 3 种仪器与真实仪器的面板,按钮、旋钮操作方式完全相同,使用起来更加真实。

1. Agilent 信号发生器

Agilent 信号发生器的型号是 33120A,其图标和面板如图 4.4.21 所示,这是一个高性能 15 MHz 的综合信号发生器。Agilent 信号发生器有两个连接端,上方是信号输出端,下方是接地端。单击最左侧的"电源"按钮,即可按照要求输出信号。

2. Agilent 万用表

Agilent 万用表的型号是 34401A,其图标和面板如图 4.4.22 所示,这是一个高性能 6 位半的数字万用表。Agilent 万用表有 5 个连接端,应注意面板的提示信息连接。单击最左侧的"电源"按钮,即可使用万用表,实现对各种电类参数的测量。

3. Agilent 示波器

Agilent 示波器的型号是 54622D,图标和面板如图 4.4.23 所示,这是一个 2 模拟通道、16 个逻辑通道、100 MHz 的宽带示波器。Agilent 示波器下方的 18 个连

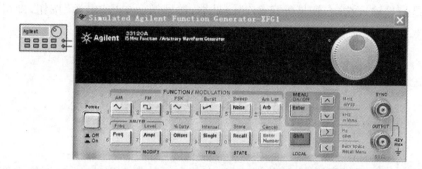

图 4.4.21　Agilent 信号发生器

图 4.4.22　Agilent 万用表

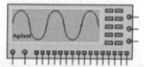

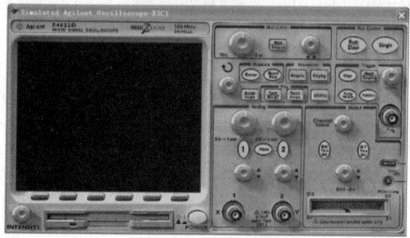

图 4.4.23　Agilent 示波器

接端是信号输入端,右侧是外接触发信号端、接地端。单击"电源"按钮,即可使用示波器,实现各种波形的测量。

4.5 Multisim 的基本分析方法

Multisim 提供了近 20 种分析工具,本节介绍其中常用的 4 种:直流工作点分析、交流分析、瞬态分析、傅里叶分析。利用这些工具,可以了解电路的基本状况,测量和分析电路的各种响应,其分析精度和测量范围比用实际仪器测量的精度高、范围宽。本节将详细介绍各种基本分析方法的作用、如何建立分析过程、分析工具中对话框的使用以及如何分析测试结果等内容。

4.5.1 直流工作点分析(DC Operating Point Analysis)

直流(DC)扫描分析,是指电路中的某参数在一定范围内变化时,对电路的直流输出特性的分析和计算。直流工作点分析也称静态工作点分析,电路的直流分析是在电路中电容开路、电感短路时,计算电路的直流工作点,即在恒定激励条件下计算电路的稳态值。在电路工作时,无论是大信号还是小信号,都必须给半导体器件以正确的偏置,以便使其工作在所需的区域,这就是直流分析要解决的问题。了解电路的直流工作点,才能进一步分析电路在交流信号作用下能否正常工作。求解电路的直流工作点在电路分析过程中是至关重要的。

1. 构造电路

为了分析电路的交流信号是否能正常放大,必须了解电路的直流工作点设置是否合理,所以首先应对电路的直流工作点进行分析。在 Multisim 工作区构造一个模数转换器 ADC 电路,电路连接方式如图 4.5.1 所示,图中函数信号发生器取幅值为 5 V 的方波,频率与转换速度有关,几百到几千赫兹都可以。为了便于将各节点标注清楚,在直流扫描分析之前,先将菜单中的 Options\Properties\Net Names 选中 Show All。

2. 启动直流分析工具

执行菜单命令 Simulate/Analyses,在列出的可操作分析类型中选择 DC Operating Point,则出现直流工作点分析对话框,如图 4.5.2 所示。直流工作点分析对话框包括 3 页。

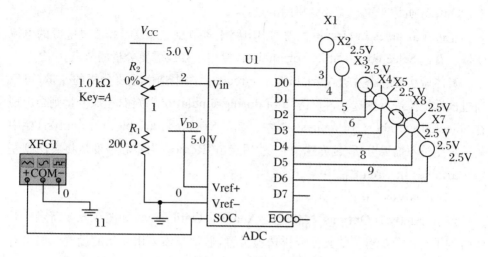

图 4.5.1　ADC 电路

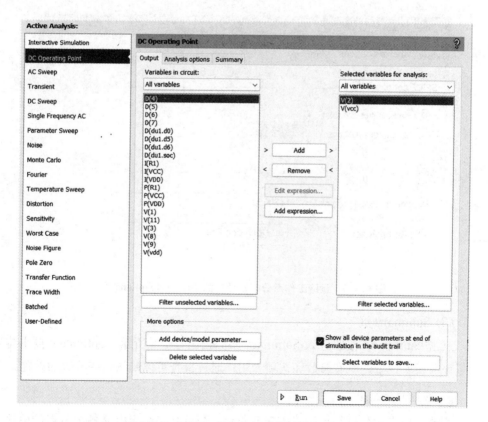

图 4.5.2　直流工作点分析对话框的 Output 页

(1) Output 页

Output 页用于选定需要分析的节点。

左边 Variables in circuit 栏内列出电路中各节点电压变量和流过电源的电流变量。右边 Selected variables for analysis 栏用于存放需要分析的节点。

具体做法是先在左边 Variables in circuit 栏内中选中需要分析的变量（可以通过鼠标拖拉进行全选），再点击"Plot during simulation"按钮，相应变量则会出现在 Selected variables for analysis 栏中。如果 Selected variables for analysis 栏中的某个变量不需要分析，则先选中它，然后点击"Remove"按钮，该变量将会回到左边 Variables in circuit 栏中。

(2) Analysis Options 页

点击"Analysis Options"按钮进入 Analysis Options 页，如图 4.5.3 所示。其中排列了与该分析有关的其他分析选项设置，通常应该采用默认的设置。如果有必要，也可以改变其中的分析选项。

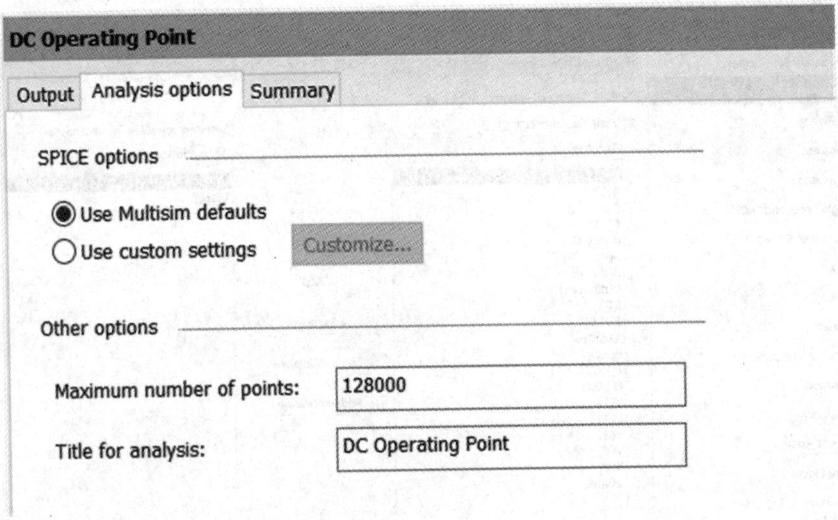

图 4.5.3　直流工作点分析对话框的 Analysis Options 页

(3) Summary 页

点击"Summary"按钮进入 Summary 页，如图 4.5.4 所示。Summary 页中排列了该分析所设置的所有参数和选项。用户通过检查可以确认这些参数的设置。

3. 检查分析结果

直流工作点的测试结果如图 4.5.5 所示。测试结果给出电路各个节点的电压值。根据这些电压的大小，可以确定该电路的电源电压和输入电压值。

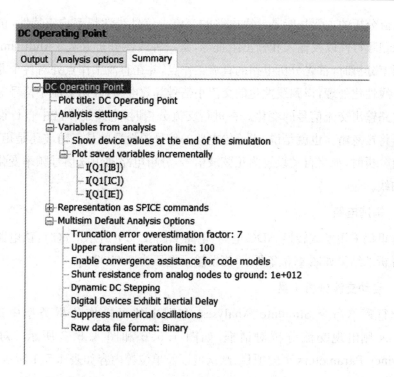

图 4.5.4　直流工作点分析对话框的 Summary 页

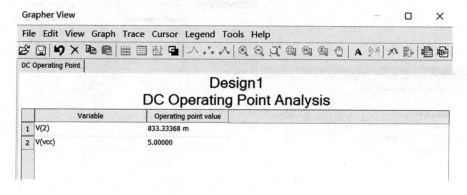

图 4.5.5　直流工作点的测试结果

4.5.2　交流分析(AC Analysis)

交流(AC)工作点分析,是指当电感短路、电容开路时,电路输出的瞬态时域响应的计算。在进行交流小信号分析和瞬态分析之前,系统将自动计算直流工作点,以确定瞬态分析的初始条件和交流小信号条件下的非线性器件的线性化模型参数。交流分析的主要功能是计算电路的交流小信号线性频率响应特性,包括幅频特性和相频特性以及输入和输出阻抗等,是一种线性分析方法。Multisim 在进行交流频率分析时,首先分析电路的直流工作点,并在直流工作点处对各个非线性元件进行线性化处理,得到线性化的交流小信号等效电路,并用交流小信号等效电路计算电路输出交流信号的变化。在进行交流分析时,电路工作区中自行设置的输入信号将被忽略。也就是说,无论给电路的信号源设置的是三角波还是矩形波,进行交流分析时,都将自动设置为正弦波信号,分析电路随正弦信号频率变化的频率响应曲线。

1. 构造电路

这里仍采用模数转换 ADC 电路,电路如图 4.5.1 所示。这时,该电路直流工作点分析的结果如图 4.5.2 所示,当前输入电压为 0.8333 V。

2. 启动交流分析工具

执行菜单命令 Simulate/Analyses,在列出的可操作分析类型中选择 AC Analysis,则出现交流分析对话框,如图 4.5.6 和图 4.5.7 所示。对话框中 Frequency Parameters 页的项目、默认值以及单位等内容如表 4.5.1 所示。

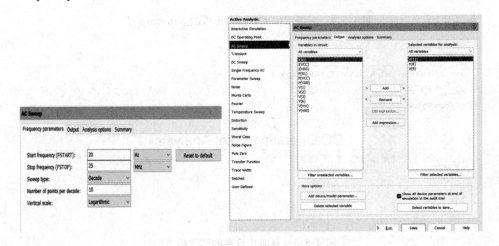

图 4.5.6　AC Analysis 窗口

3. 检查分析结果

此分析要注意,如果以模拟电路仿真,测试结果会给出电路的幅频特性曲线和相频特性曲线,仿真结果表现更有优势,因仿真的是数字电路,仿真结果分析毫无波澜,基本都是平滑的曲线。图 4.5.6 中分析了相关点,交流分析测试曲线如图 4.5.7 所示。

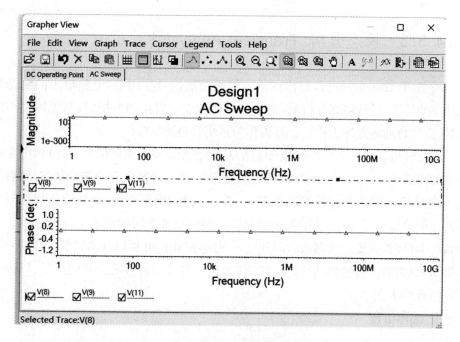

图 4.5.7　电路的交流分析测试曲线

表 4.5.1　Frequency Parameters 内容表

项目	默认值	单位	注释
Start frequency（起始频率）	1	Hz	交流分析时的起始频率,可选单位有 Hz、kHz、MHz、GHz
Stop frequency（终止频率）	10	GHz	交流分析时的终止频率,可选单位有 Hz、kHz、MHz、GHz
Sweep type（扫描类型）	Decade		交流分析曲线的频率变化方式,三种扫描方式:Decade、Linear、Octave
Number of points per decsde（扫描点数）	10		指的是起点到终点共有多少个频率点,结线性扫描该项才有效
Vertical scale（垂直刻度）	Logarithmic		扫描时的垂直刻度,可选项有 Linear、Logarithmic、Decibel、Octave

4.5.3 瞬态分析(Transient Analysis)

瞬态(Transient)分析,是指在给定输入激励信号作用下,电路输出的瞬态时域响应的计算,进行瞬态分析时,电路的初始状态可以由用户指定,当无用户指定值时,系统自动将直流工作点计算值作为系统的初始状态。

瞬态分析是一种非线性时域分析方法,是在给定输入激励信号时,分析电路输出端的瞬态响应。Multisim在进行瞬态分析时,首先计算电路的初始状态,然后从初始时刻起,到某个给定的时间范围内,选择合理的时间步长,计算输出端在每个时间点的输出电压,输出电压由一个完整周期中的各个时间点的电压来决定。启动瞬态分析时,只要定义起始时间和终止时间,Multisim可以自动调节合理的时间步进值,以兼顾分析精度和计算时需要的时间,也可以自行定义时间步长,以满足一些特殊要求。

1. 构造电路

构造一个模数转换器ADC电路,电路中电源电压、各电阻取值如图4.5.8所示。

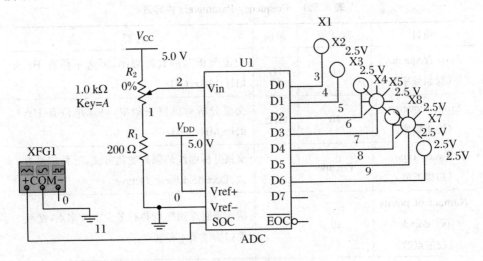

图4.5.8 模数转换器ADC电路

2. 启动瞬态分析工具

执行菜单命令Simulate/Analyses,在列出的可操作分析类型中选择Transient Analysis,出现瞬态分析对话框,如图4.5.9所示。瞬态分析对话框中Analysis Parameters页的项目、默认值以及单位等内容如表4.5.2所示。

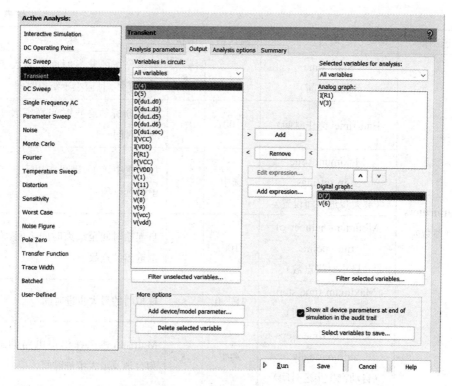

图 4.5.9　Transient Analysis 窗口

表 4.5.2　Analysis Parameters 内容表

选项框	项目	默认值	单位	注释
Initial conditions（初始条件）	Set to Zero（设为零）	不选		如果希望从地零初始状态起，则选择此项
	User-defined（用户自定义）	不选		如果希望从用户自己定义的初始状态起，则选择此项
	Calculate DC operating point（计算静态工作点）	不选		如果从静态工作点起分析，则选择此项
	Automatically determine initial conditions（系统自动确定初始条件）	选中		Multisim 以静态工作点作为分析初始条件，如果仿真失败，则使用用户定义的初始条件

续表

选项框	项目	默认值	单位	注释
Parameters（参数）	Start time（起始时间）	0	s	瞬态分析的起始时间必须大于或等于零,且应小于结束时间
	End time（终止时间）	0.001	s	瞬态分析的终止时间必须大于起始时间
	Maximum time step settings（最大步进时间设置）	选中		如果选中该项,则可在以下三项中挑选一项
	Minimum number of time points（最小时间点数）	100		自起始时间至结束时间之间,模拟输出的点数
	Maximum time step（最大步进时间）	1E－0	s	模拟时的最大步进时间
	Generate time steps automatically（自动产生步进时间）	选中	s	Multisim 将选择模拟电路的最为合理及最大步进时间

3. 检查分析结果

仿真的是数字电路,会对电路中的器件分析电流、电压、功率和逻辑输出的波形及电平显示。图中分析的瞬态分析曲线如图 4.5.10 所示。分析曲线给出

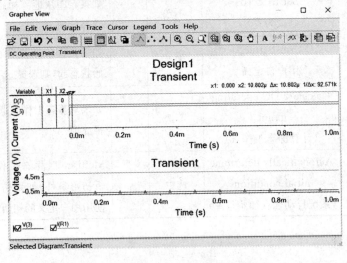

图 4.5.10　放大电路的瞬态分析曲线

图 4.5.8 中的输出节点 3 的电压和输入端 R_1 的电流随时间变化的波形,纵轴坐标是电压/电流,横轴是时间。

4.5.4　傅里叶分析(Fourier Analysis)

傅里叶(Fourier)分析是一种频域分析方法,将周期性的非正弦信号转换成由正弦及余弦信号的叠加。傅里叶分析是一种分析复杂周期性信号的方法。它将非正弦周期信号分解为一系列正弦波、余弦波和直流分量之和。根据傅立叶级数的数学原理,周期函数 $f(t)$ 可以写为

$$f(t) = A_0 + A_1 \cos \omega t + A_2 \cos 2\omega t + \cdots + B_1 \sin \omega t + B_2 \sin 2\omega t + \cdots$$

傅里叶分析以图表或图形方式给出信号电压分量的幅值频谱和相位频谱。傅里叶分析同时也计算了信号的总谐波失真(THD),THD 定义为信号的各次谐波幅度平方和的平方根再除以信号的基波幅度,并以百分数表示:

$$THD = \left[\left\{ \sum_{i=2} U_i^2 \right\}^{\frac{1}{2}} / U_1 \right] \times 100\%$$

1. 构造电路

构造一个单管放大电路,电路中电源电压、各电阻和电容取值如图 4.5.11 所示。该放大电路在输入信号源电压幅值达到 100 mV 时,输出端(节点 3)电压信号已出现较严重的截止失真,这也就意味着在输出信号中出现了输入信号中没有的谐波分量。

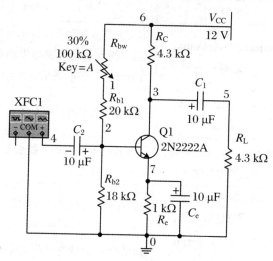

图 4.5.11　共射放大电路

2. 启动交流分析工具

执行菜单命令 Simulate/
Analyses,在列出的可操作分析类型中选择 Fourier Analysis,则出现傅里叶分析对话框,如图 4.5.12 所示。傅里叶分析对话框中 Analysis Parameters 页的项目和注释内容如表 4.5.3 所示。

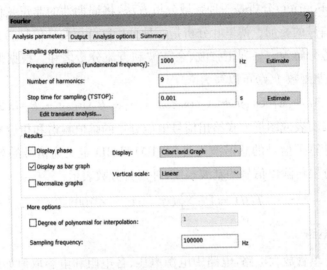

图 4.5.12　傅里叶分析对话框

表 4.5.3　Analysis Parameters 内容表

	项目	注释
Sampling options (采样选项)	Frequency resolution (基频)	取交流信号源频率。如果电路中有多个交流信号源,则取各信号源频率的最小公因数。点击"Estimate"按钮,系统将自动设置
	Number of harmonics (谐波数)	设置需要计算的谐波个数
	Stop time for sampling (停止采样时间)	设置停止采样时间。如点击"Estimate"按钮,系统将自动设置
Results (结果)	Display phase (相位显示)	如果选中,分析结果则会同时显示相频特性
	Display as bar graph (线条图形方式显示)	如果选中,以线条图形方式显示分析的结果

续表

	项目	注释
Results （结果）	Normalize graphs （归一化图形）	如果选中，分析结果则绘出归一化图形
	Displays （显示）	显示形式选择：可选 Chart（图表）、Graph（图形）或 Chart and Graph（图表和图形）
	Vertical Scale （纵轴）	纵轴刻度：可选 Linear（线性）、logarithmic（对数）、Decibel（分贝）或 Octave（八倍）

3．检查分析结果

傅里叶分析结果如图 4.5.13 所示。如果放大电路输出信号没有失真，在理想情况下，信号的直流分量应该为零，各次谐波分量幅值也应该为零，总谐波失真也应该为零。

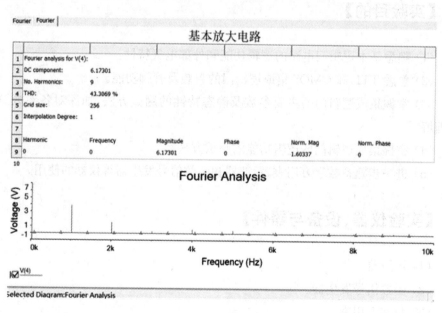

图 4.5.13　傅里叶分析

从图 4.5.13 可以看出，输出信号直流分量幅值约为 6.17 V，基波分量幅值约为 3.81 V，2 次谐波分量幅值约为 1.48 V，从图表中还可以查出 3 次、4 次及 5 次谐波幅值。同时可以看到总谐波失真（THD）约为 43.3%，这表明输出信号非线性失真相当严重。线条图形方式给出的信号幅频图谱直观地显示了各次谐波分量的幅值。

第 5 章　基础实验项目

实验 1　集成逻辑门的逻辑功能及参数测试

【实验目的】

（1）熟悉基本逻辑门电路的逻辑功能和外部电气特性。

（2）熟悉 TTL 和 CMOS 集成逻辑门的封装及管脚功能。

（3）掌握集成逻辑门的主要参数及静态特性的测试方法，加深对各参数意义的理解。

（4）掌握集成逻辑门的逻辑功能的测试方法。

（5）进一步熟悉数字万用表、示波器和函数信号发生器等仪器的使用。

【实验仪器、设备与器件】

（1）示波器。

（2）函数信号发生器。

（3）数字万用表。

（4）数字电路实验台。

（5）集成块：74LS00、74LS02、74LS86 和 CC4011。

【实验相关知识】

TTL 与非门具有较高的工作速度、较强的抗干扰能力、较大的输出幅度和负载能力等优点从而得到了广泛的应用。

本实验采用 2 输入四与非门 74LS00,即在一块集成块内含有 4 个互相独立的与非门,每个与非门有 2 个输入端。其逻辑符号及引脚排列如图 5.1.1(a)、图 5.1.1(b)所示。

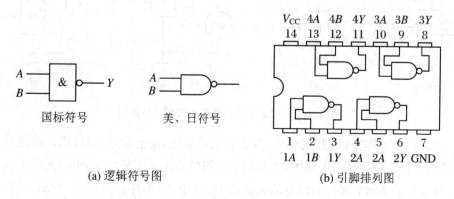

(a) 逻辑符号图　　　　　　　　　　(b) 引脚排列图

图 5.1.1　74LS00 逻辑符号及引脚排列图

1. 与非门的逻辑功能

与非门的逻辑功能包括:当输入端中有一个或一个以上是低电平时,输出端为高电平;只有当输入端全为高电平时,输出端才为低电平(即有"0"得"1",全"1"得"0")。

其逻辑表达式为

$$Y = \overline{AB}$$

2. TTL 与非门的主要参数

(1) 低电平输出电源电流 I_{CCL} 和高电平输出电源电流 I_{CCH}

与非门处于不同的工作状态,电源提供的电流是不同的。I_{CCL} 是指所有输入端悬空,输出端空载时,电源提供器件的电流。I_{CCH} 是指输出端空载,每个门各有一个以上的输入端接地,其余输入端悬空,电源提供给器件的电流。通常 $I_{CCL} >$ I_{CCH},它们的大小标志着器件静态功耗的大小。器件的最大功耗为 $P_{CCL} = V_{CC} I_{CCL}$。I_{CCL} 和 I_{CCH} 测试电路如图 5.1.2(a)、图 5.1.2(b)所示。

(2) 低电平输入电流 I_{IL} 和高电平输入电流 I_{IH}

I_{IL} 是指被测输入端接地,其余输入端悬空,输出端空载时,由被测输入端流出的电流值。在多级门电路中,I_{IL} 相当于前级门输出低电平时,后级向前级门灌入的电流,因此它关系到前级门的灌电流负载能力,即直接影响前级门电路带负载的个数,因此希望 I_{IL} 小些。

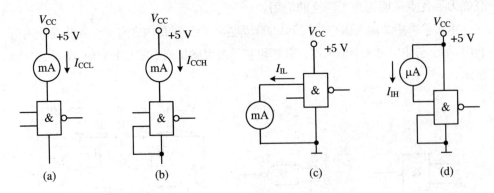

图 5.1.2　TTL 与非门静态参数测试电路图

I_{IH}是指被测输入端接高电平,其余输入端接地,输出端空载时,流入被测输入端的电流值。在多级门电路中,它相当于前级门输出高电平时,前级门的拉电流负载,其大小关系到前级门的拉电流负载能力,希望I_{IH}小些。由于I_{IH}较小,难以测量,一般免于测试。

I_{IL}与I_{IH}的测试电路如图 5.1.2(c)、图 5.1.2(d)所示。

(3) 输出高电平 V_{OH}和输出低电平 V_{OL}

① 输出高电平 V_{OH}

输出高电平是指与非门有一个以上输入端接地或接低电平时的输出电平值。空载时,V_{OH}必须大于标准高电平($V_{OH} = 2.4\ V$),接有拉电流负载时,V_{OH}将下降。测试 V_{OH}的电路如图 5.1.3(a)所示。

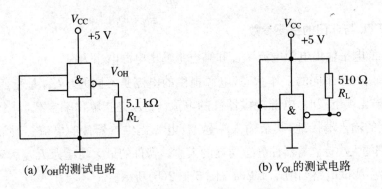

(a) V_{OH}的测试电路　　　　　　(b) V_{OL}的测试电路

图 5.1.3　TTL 与非门 V_{OH}和 V_{OL}测试电路图

② 输出低电平 V_{OL}

输出低电平是指与非门的所有输入端都接高电平时的输出电平值。空载时,V_{OL}必须低于标准电平($V_{OL} = 0.4\ V$),接有灌电流负载时,V_{OL}将上升。测试 V_{OL}的电路如图 5.1.3(b)所示。

（4）扇出系数 N_O

扇出系数 N_O 是指门电路能驱动同类门的个数，它是衡量门电路负载能力的一个参数，TTL 与非门有两种不同性质的负载，即灌电流负载和拉电流负载，因此有两种扇出系数，即低电平扇出系数 N_{OL} 和高电平扇出系数 N_{OH}。通常 $I_{IH} < I_{IL}$，则 $N_{OH} > N_{OL}$，故常以 N_{OL} 作为门的扇出系数。

① 低电平输入电流 I_{IL}

低电平输入电流 I_{IL} 是指被测输入端接地，其余输入端悬空时，由被测输入端流出的电流。前级输出低电平时，后级门的 I_{IL} 就是前级的灌电流负载。一般 $I_{IL} <$ 1.6 mA。测试 I_{IL} 的电路如图 5.1.2(c)所示。

② 最大允许负载电流 I_{OL}

最大允许负载电流 I_{OL} 的测试电路如图 5.1.4 所示，门的输入端全部悬空，输出端接灌电流负载 R_L，调节 R_L 使 I_{OL} 增大，V_{OL} 随之增高，当 V_{OL} 达到 V_{OLm}（文献[11]中规定标准低电平 $V_{SL} = 0.4$ V）时的 I_{OL} 就是允许灌入的最大负载电流。

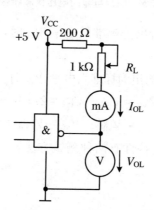

图 5.1.4　最大允许负载电流 I_{OL} 电路图

则扇出系数为

$$N_O = \frac{I_{OL}}{I_{IL}}$$

通常 $N_{OL} \geqslant 8$。

（5）电压传输特性

TTL 与非门的输出电压 v_O 随输入电压 v_I 变化的曲线 $v_O = f(v_I)$，称为 TTL 与非门的电压传输特性。利用电压传输特性不仅能检查和判断 TTL 与非门的好坏，还可以从传输特性上直接读出其主要静态参数，如 V_{OH}、V_{OL}、V_{ON}、V_{OFF}、V_{NH} 和 V_{NL} 等。TTL 与非门的电压传输特性如图 5.1.5 所示。

从图 5.1.5 中可知：

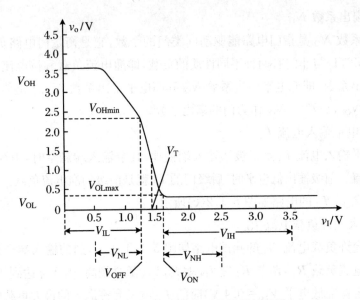

图 5.1.5　TTL 与非门电压传输特性曲线

开门电平 V_{ON}：是保证输出为标准低电平 V_{SL} 时，允许的最小输入高电平值。一般 $V_{SL} < 1.8\,V$。

关门电平 V_{OFF}：是保证输出为标准高电平 V_{SH} 时，允许的最大输入低电平值。

高电平噪声容限 V_{NH}：$V_{NH} = V_{SH} - V_{ON} = 2.4\,V - V_{ON}$。

低电平噪声容限 V_{NL}：$V_{NL} = V_{OFF} - V_{SL} = V_{OFF} - 0.4\,V$。

TTL 与非门的电压传输特性有两种测试方法：一是静态测试法；二是动态测试法。

① 静态测试法

静态测试法又称为逐点测试法，测试电路如图 5.1.6(a)所示。采用逐点测试法，即调节 R_W，逐点测得 v_I 及 v_O，然后绘成曲线。

② 动态测试法

动态测试法的测试电路如图 5.1.6(b)所示。输入信号选择频率 $f = 500\,Hz$、$V_{iPP} = 4\,V$ 的锯齿波，将输入信号同时接到与非门的输入端和示波器的 X 轴，将与非门的输出端接示波器的 Y 轴，将示波器置 $X\text{-}Y$ 显示方式（图形显示方式），则在示波器的荧光屏上即可显示出与非门的电压传输特性。

3. CMOS 与非门的主要参数

CMOS 与非门采用 CC4011，也是 2 输入四与非门。其集成块的外引线排列如图 5.1.7(a)所示。

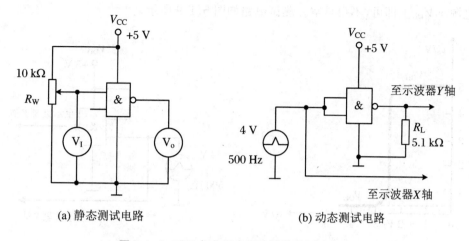

(a) 静态测试电路　　　　　　　　(b) 动态测试电路

图 5.1.6　TTL 与非门电压传输特性测试电路

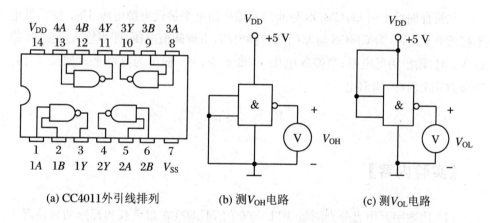

(a) CC4011 外引线排列　　　(b) 测 V_{OH} 电路　　　(c) 测 V_{OL} 电路

图 5.1.7　CMOS 与非门的外引线排列及 V_{OH} 和 V_{OL} 测试电路图

（1）输出高电平 V_{OH}

输出高电平 V_{OH} 是指在规定的电源电压（如 5 V）时，输出端开路时的输出高电平。通常 $V_{OH} \approx V_{DD}$。测试电路如图 5.1.7(b) 所示。

（2）输出低电平 V_{OL}

输出低电平 V_{OL} 是指在规定的电源电压（如 5 V）时，输出端开路时的输出低电平。通常 $V_{OL} \approx 0$ V。测试电路如图 5.1.7(c) 所示。

（3）CMOS 与非门的电压传输特性

CMOS 与非门的电压传输特性是指与非门输出电压 v_O 随输入电压 v_I 变化的曲线。这个特性曲线很接近理想的电压传输特性曲线，是目前其他任何逻辑电路都比不上的，该曲线如图 5.1.8 所示。CMOS 与非门电压传输特性曲线测试方法与 TTL 与非门电压传输特性曲线测试方法基本一样。只是将不用的输入端接到

电源 + V_{DD} 上即可,不得悬空。测试电路如图 5.1.9 所示。

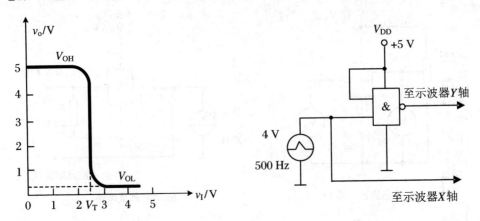

图 5.1.8　CMOS 与非门电压传输特性曲线　图 5.1.9　CMOS 与非门电压传输特性测试电路

从特性曲线上可知,CMOS 与非门的输出高电平接近电源电压 V_{DD},输出低电平接近 0 V。V_T 为 CMOS 与非门的转换电压,也称阈值电压,即当输入电压 v_I 超过 V_T 时,输出为低电平;当输入电压 v_I 低于 V_T 时,输出为高电平。如果 T_1、T_2 的参数完全对称,阈值电压为

$$V_T \approx \frac{1}{2} V_{DD}$$

【实验内容】

(1) 用数字万用表分别测量 TTL 与非门 74LS00 在带负载和开路两种情况下的输出高电平 V_{OH} 和输出低电平 V_{OL}。测试电路如图 5.1.1 及图 5.1.2 所示。

(2) 测试 TTL 与非门的输入短路电流 I_{IS},测试电路如图 5.1.3 所示。

(3) 测试与非门为低电平时,允许灌入的最大负载电流 I_{OL},然后利用公式求出该与非门的扇出系数 N_O。测试电路见图 5.1.4,用万用表直流电压挡测量 v_O,若 $v_O \leqslant 0.4$ V,则产品合格。然后再用万用表电流挡测出 I_{OL},通过公式计算出扇出系数 N_O。

(4) 按 TTL 与非门的真值表逐项验证其逻辑功能,数据填入表 5.1.1 中。

表 5.1.1　TTL 与非门的真值表

A	B	L
0	0	
0	1	
1	0	
1	1	

（5）验证 74LS02 二输入或非门和 74LS86 二输入异或门的逻辑功能（表格自列）。

（6）验证 74LS125 的逻辑功能，数据填入表 5.1.2 中。

表 5.1.2　TTL 与非门的真值表

EN	A	Q
0	0	
0	1	
1	0	
1	1	

（7）用数字万用表分别测量 CMOS 与非门 CC4011 在开路情况下的输出高电平 V_{OH} 和输出低电平 V_{OL}。测试电路如图 5.1.7 所示。验证 CC4011 的逻辑功能（表格自拟）。

（8）用与非门设计 3 人表决器，用与非门和异或门设计一位全加器电路。

【预习与实验报告要求】

1. 预习要求

（1）实验目的。

（2）实验器件。

（3）实验预习内容。

① TTL 与非门不用的输入端和输出端如何处理？

② TTL 与非门和 CMOS 与非门有何异同点？

③ 查阅资料分析 74LS125 是什么三态门,控制端是什么电平有效。

④ 画出 74LS00、74LS02、74LS86、74LS125、CC4011 等实验中用到的集成块外引线排列图。

⑤ 绘制出测试 TTL 与非门在带负载和开路两种情况下的高低电平、输入短路电流和允许灌入的最大负载电流的电路图。

⑥ 绘制出测试 CMOS 与非门 CC4011 在开路情况下的输出高电平 V_{OH} 和输出低电平 V_{OL} 的电路图。

⑦ 按 3 人表决器的设计要求写出设计过程如真值表、化简、电路等。

2. 实验报告要求

(1) 测试数据及结果分析。

① 列出实验数据表,记录 TTL 与非在带负载和开路两种情况下的高低电平测量数据、输入短路电流 I_{IS} 和允许灌入的最大负载电流 I_{OL}。

② 列出实验数据表,记录 74LS00、74LS02、74LS86 和 74LS125 的真值表,并分析逻辑功能。

③ 列出实验数据表,记录 CMOS 与非门 CC4011 在开路情况下的输出高电平 V_{OH} 和输出低电平 V_{OL}。

④ 列出实验数据表,记录 3 人表决器的实验数据,并分析实验数据。

(2) 实验中存在的问题及解决方法。

(3) 实验收获(知识、能力和素质)。

实验 2   基于 SSI 的组合逻辑电路的设计

【实验目的】

(1) 加深理解用 SSI(小规模集成电路)构成的组合逻辑电路的分析与设计方法。

(2) 掌握示波器、函数信号发生器、频率计、稳压电源、万用电表常用电子仪器设备的使用。获得组合逻辑电路的设计、安装调试方法。

【实验仪器、设备与器件】

（1）数字万用表。

（2）数字电路实验台。

（3）集成块：74LS00、74LS08、74LS10、74LS32、74LS20、74LS04。

【实验相关知识】

1. 组合逻辑电路

组合逻辑电路是最常见的逻辑电路之一，其特点是在任一时刻的输出信号仅取决于该时刻的输入信号，而与信号作用前电路原来所处的状态无关。设计组合电路的一般步骤如图 5.2.1 所示。

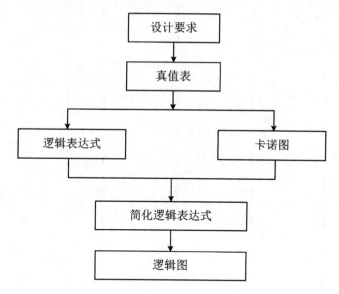

图 5.2.1　组合逻辑电路设计流程图

根据设计任务的要求建立输入、输出变量，并列出真值表。然后用逻辑代数或卡诺图设置的"Accepted"化简法求出简化的逻辑表达式。并按实际选用逻辑门的类型修改逻辑表达式。根据简化后的逻辑表达式，画出逻辑图，用标准器件构成逻辑电路。最后，用实验来验证设计的正确性。

值得注意的是，这里所说的"最简"，是指电路所用的器件数最少，器件的种类最少，而且器件之间的连线也最少。

若已知逻辑电路,要分析电路功能,则分析步骤包括:由逻辑图写出各输出端的逻辑表达式;列出真值表;根据真值表进行分析;确定电路功能。

2. 组合逻辑电路设计举例

用"与非"门设计一个表决电路。当4个输入端中有3个或4个为"1"时,输出端才为"1"。

设计步骤:根据题意列出真值表如表5.2.1所示,再填入图5.2.2中。

表 5.2.1　表决器真值表

输　入				输　出
A	B	C	D	Z
0	0	0	0	0
0	0	0	1	0
0	0	1	0	0
0	0	1	1	0
0	1	0	0	0
0	1	0	1	0
0	1	1	0	0
0	1	1	1	1
1	0	0	0	0
1	0	0	1	0
1	0	1	0	0
1	0	1	1	1
1	1	0	0	0
1	1	0	1	1
1	1	1	0	1
1	1	1	1	1

CD \ AB	00	01	11	10
00				
01			1	
11		1	1	1
10			1	

图 5.2.2　表决器卡诺图

由卡诺图得出逻辑表达式,并演化成"与非"的形式:

$$Z = ABC + BCD + ACD + ABD = \overline{\overline{ABC} \cdot \overline{BCD} \cdot \overline{ACD} \cdot \overline{ABD}}$$

根据逻辑表达式画出用"与非"门构成的逻辑电路如图 5.2.3 所示。

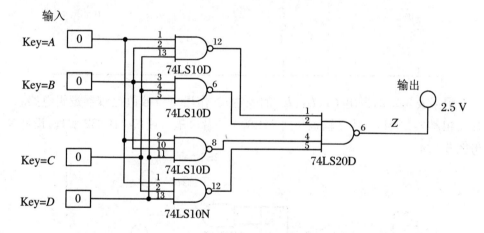

图 5.2.3　表决电路逻辑图

用实验验证逻辑功能:在实验装置适当位置选定两块 14P 插座,按照集成块定位标记插好集成块 74LS10。

按图 5.2.3 接线,输入端 A、B、C、D 接至逻辑开关输出插口,输出端 Z 接逻辑电平显示输入插口,按真值表(自拟)要求,逐次改变输入变量,测量相应的输出值,验证逻辑功能,与表 5.2.1 进行比较,验证所设计的逻辑电路是否符合要求(两片 3 输入非门 74LS10、一片 4 输入与非门 74LS20)。

【实验内容】

(1) 用基本的门电路设计一个能判断 1 位二进制数 A 与 B 大小比较电路。画出逻辑图(用 L_1、L_2、L_3 分别表示三种状态,即 $L_1(A>B)$,$L_2(A<B)$,$L_3(A=B)$)。

设 A、B 分别接至数据开关,L_1、L_2、L_3 接至逻辑示器,将实验结果记入表 5.2.2 中。

表 5.2.2　1 位数值比较器真值表

输　入		输　　出		
A	B	$L_1(A>B)$	$L_2(A<B)$	$L_3(A=B)$
0	0	0	0	1
0	1	0	1	0
1	0	1	0	0
1	1	0	0	1

根据表 5.2.2,得出 L_1、L_2、L_3 的表达式,作出 1 位数值比较器逻辑电路(一片反相器 74LS04、一片 2 输入与门 74LS08、一片 2 输入或门 74LS32 实现,设计参考图 5.2.4)。

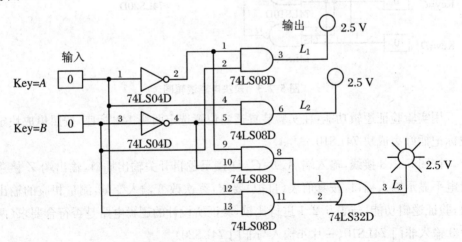

图 5.2.4　1 位数值比较器逻辑电路

(2) 设有一个监视交通信号灯工作状态的逻辑电路如图 5.2.5 所示(一片反相器 74LS04、一片 2 输入与非门 74LS00、一片 4 输入与非门 74LS20)。图中用 R、

Y、G 分别表示红、黄、绿三个灯的状态,并规定灯亮时为 1,不亮时为 0。用 L 表示故障信号,正常工作时 $L=0$,发生故障时 $L=1$。试分析 R、G、Y 出现哪五种状态时,要求逻辑电路发出故障信号($L=1$)。

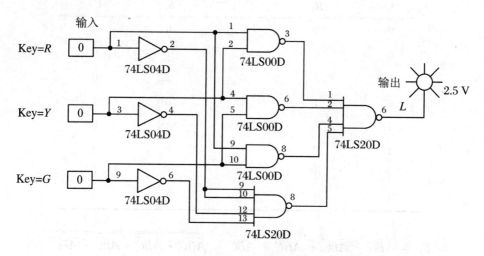

图 5.2.5   监视交通信号灯工作状态的逻辑电路

按图 5.2.5 接线,验证理论分析结果,并记入表 5.2.3 中。

表 5.2.3   监视交通信号灯真值表

输 入			输 出
R	Y	G	L
0	0	0	
0	0	1	
0	1	0	
0	1	1	
1	0	0	
1	0	1	
1	1	0	
1	1	1	

（3）用"与非"门设计实现 1 位全加器。设计参考真值表如表 5.2.4 所示,电路图如图 5.2.6 所示(两片 2 输入与非门 74LS00、两片 3 输入与非门 74LS10、一片 3 输入与非门 74LS20)。

表 5.2.4　全加器真值表

输　入			输　出	
A_i	B_i	C_{i-1}	S_i	C_i
0	0	0	0	0
0	0	1	1	0
0	1	0	1	0
0	1	1	0	1
1	0	0	1	0
1	0	1	0	1
1	1	0	0	0
1	1	1	1	1

$$S_i = \bar{A}\bar{B}C + \bar{A}B\bar{C} + A\bar{B}\bar{C} + ABC = \overline{\overline{\bar{A}\bar{B}C} \cdot \overline{\bar{A}B\bar{C}} \cdot \overline{A\bar{B}\bar{C}} \cdot \overline{ABC}}$$

$$C_i = AB + BC + AC = \overline{\overline{AB} \cdot \overline{BC} \cdot \overline{AC}}$$

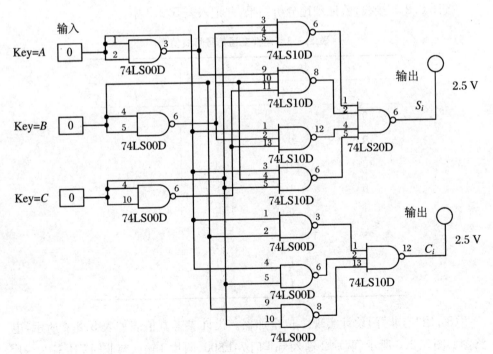

图 5.2.6　用"与非"门实现全加器电路

【预习与实验报告要求】

1．预习要求

（1）实验目的。

（2）实验器件。

（3）实验预习内容。

① 熟悉各集成电路的外引线排列。

② 根据设计要求画实验电路，并列出实验数据表格。

③ 按设计步骤，根据所给器件设计实验内容的逻辑电路图，并设计相应的表格。

④ 有 7412（OC 门）的外引脚及功能与 74LS10 相同，有同学用好的 7412 代替 74LS10，发现无输出，试分析其原因。

2．实验报告要求

报告中要体现分析步骤和设计步骤，即

（1）分析步骤。

① 根据给定的逻辑图，从输入到输出逐级写出逻辑函数式。

② 用公式法或卡诺图法化简逻辑函数。

③ 由已化简的输出函数表达式列出真值表。

④ 从逻辑表达式或从真值表概括出组合电路的逻辑功能。

（2）设计步骤。

① 仔细分析设计要求，确定输入、输出变量。

② 对输入和输出变量赋予 0、1 值，并根据输入、输出之间的因果关系，列出输入、输出对应关系表，即真值表。

③ 根据真值表填卡诺图，写输出逻辑函数表达式的适当形式。

④ 画出逻辑电路图。

（3）总结实验结论。

实验 3　编码-译码-显示电路

【实验目的】

(1) 掌握编码器原理及基本电路,掌握七段译码器的逻辑功能和使用,掌握七段显示器的使用方法,进一步学习组合电路的应用。

(2) 掌握示波器、函数信号发生器、频率计、稳压电源、万用电表常用电子仪器设备的使用。

(3) 获得编码-译码-显示电路的应用能力。

【实验仪器、设备与器件】

(1) 数字万用表。

(2) 数字电路实验台。

(3) 集成块:74LS00、74LS148、74LS48、74LS04、74LS32、共阴极七段显示器。

【实验相关知识】

编码-译码-显示电路原理如图 5.3.1 所示。该电路由 8 线-3 线优先编码器 74LS148、4 线-7 线译码器/驱动器 74LS48、反相器 74LS04 和共阴极七段显示器等组成。

1. 译码器

这里所说的译码器是将二进制数译成十进制数的操作。我们选用的 74LS48 是 BCD 码七段译码器兼驱动器。74LS48 功能表如表 5.3.1 所示。

74LS48 具有以下特点:

(1) 消隐(灭灯)输入 $\overline{BI}$ 低电平有效,当 $\overline{BI}=0$ 时,不论其余输入状态如何,所有输出为零,数码管七段全暗,无任何显示。可用来使显示的数码闪烁或与某一信号同时显示。

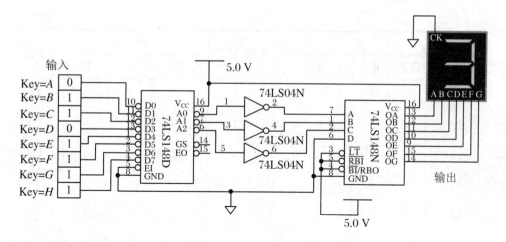

图 5.3.1　编码-译码-显示电路原理

（2）灯测试(试灯)输入 $\overline{LT}$ 低电平有效。当 $\overline{LT}=0(\overline{BI/PBO}=1)$ 时,无论其余输入为何状态,所有输出为 1,数码管七段全亮,显示数字 8。可用来检查数码管、译码器有无故障。译码时, $\overline{LT}=1$ 。

表 5.3.1　74LS48 功能表

十进制数或功能	输　入						$\overline{BI/RBO}$	输　出							字形
	$\overline{LT}$	$\overline{RBI}$	A_3	A_2	A_1	A_0		Y_a	Y_b	Y_c	Y_d	Y_e	Y_f	Y_g	
0	1	1	0	0	0	0	1	1	1	1	1	1	1	0	0
1	1	×	0	0	0	1	1	0	1	1	0	0	0	0	1
2	1	×	0	0	1	0	1	1	1	0	1	1	0	1	2
3	1	×	0	0	1	1	1	1	1	1	1	0	0	1	3
4	1	×	0	1	0	0	1	0	1	1	0	0	1	1	4
5	1	×	0	1	0	1	1	1	0	1	1	0	1	1	5
6	1	×	0	1	1	0	1	0	0	1	1	1	1	1	6
7	1	×	0	1	1	1	1	1	1	1	0	0	0	0	7
8	1	×	1	0	0	0	1	1	1	1	1	1	1	1	8
9	1	×	1	0	0	1	1	1	1	1	0	0	1	1	9

续表

十进制数或功能	输　入						$\overline{BI}/\overline{RBO}$	输　出							字形
	$\overline{LT}$	$\overline{RBI}$	A_3	A_2	A_1	A_0		Y_a	Y_b	Y_c	Y_d	Y_e	Y_f	Y_g	
10	1	×	1	0	1	0	1	0	0	0	1	1	0	1	⊏
11	1	×	1	0	1	1	1	0	0	1	1	0	0	1	⊐
12	1	×	1	1	0	0	1	0	1	0	0	0	1	1	⊔
13	1	×	1	1	0	1	1	1	0	0	1	0	1	1	⊑
14	1	×	1	1	1	0	1	0	0	0	1	1	1	1	ᴄ
15	1	×	1	1	1	1	1	0	0	0	0	0	0	0	
$\overline{BI}$	×	×	×	×	×	×	0	0	0	0	0	0	0	0	
$\overline{RBI}$	1	0	0	0	0	0	0	0	0	0	0	0	0	0	
$\overline{LT}$	0	×	×	×	×	×	1	1	1	1	1	1	1	1	8

（3）脉冲消隐（动态灭灯）输入 $\overline{RBI}=1$ 时，对译码无影响；当 $\overline{BI}=\overline{LT}=1$ 时，若 $\overline{RBI}=0$，输入数码是十进制零时，七段全暗，不显示，输入数码不为零，则照常显示。在实际使用中有些零是可以不显示的，如 004.50 中的百位的零可不显示；若百位为零且不显示，则十位的零也可不显示；小数点后第二位的零，不考虑有效位时也可不显示。这些可不显示的零称为冗余零。脉冲消隐输入 $\overline{RBI}=0$ 时，可使冗余零消隐。

（4）脉冲消隐（动态灭灯）输出 $\overline{RBO}$ 与消隐输入 $\overline{BI}$ 共用一个管脚 4，当它作输出端时，与 $\overline{RBI}$ 配合，共同使冗余零消隐。以 3 位十进制数为例。十位的零是否要显示，取决于百位是否为零，有否显示，这就要用 $\overline{RBO}$ 进行判断，在 $\overline{RBI}$ 和 $A_3 \sim A_0$ 全为零时，$\overline{RBO}=0$，否则为 1。若百位为零且 $\overline{RBI}=0$（百位被消隐），则百位 $\overline{RBO}$ 和十位的 $\overline{RBI}$ 全为 0，使十位的零消隐，其余数码管照常显示。若百位不为零，或未使零消隐，则百位的 $\overline{RBO}$ 和十位的 $\overline{RBI}$ 全为 1，使十位的零不具备消隐条件，而与其他数码一起照常显示。

2. 显示器

LED 数码管是目前最常用的数字显示器，图 5.3.2(a)、图 5.3.2(b)为共阴管和共阳管的电路，图 5.3.2(c)为两种不同出线形式的引出脚功能图。

一个 LED 数码管可用来显示一位 0～9 十进制数和一个小数点。小型数码管

(0.5 寸(1 寸≈0.0333 米)和 0.36 寸)每段发光二极管的正向压降,随显示光的颜色(通常为红、绿、黄、橙色)不同略有差别,通常为 2～2.5 V,每个发光二极管的点亮电流为 5～10 mA。LED 数码管要显示 BCD 码所表示的十进制数字就需要有一个专门的译码器,该译码器不但要完成译码功能,还要有相当的驱动能力。采用七段发光二极管显示器,它可直接显示出译码输出的十进制数。七段发光显示器有共阳接法和共阴接法两种,如图 5.3.2 所示。共阳(CA)极接法就是把发光二极管的阳极都连在一起接到高电平上,与其配套的译码器为 74LS46、74LS47;共阴(CK 或 CC)极接法则相反,它是把发光二极管的阴极都连在一起接地,与其配套的译码器为 74LS48、74LS49。

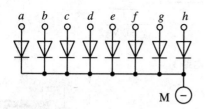

(a) 共阴连接("1"电平驱动)

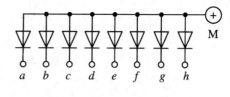

(b) 共阳连接("0"电平驱动)

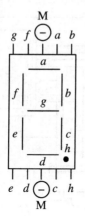

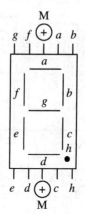

(c) 符号及引脚功能

图 5.3.2　LED 数码管

【实验内容】

(1) 分析图 5.3.1 的逻辑功能,并列出输入、输出之间的功能表。

(2) 修改图 5.3.1,使无开关拨下时,不显示任何数据(图 5.3.3)。

(3) 输入开关改为 10 个,需要两片 74LS148 构成 16-4 编码器,但显示仍只需

1 个,设计电路图,在无开关拨下时,不显示任何数据,通过实验验证(图 5.3.4)。

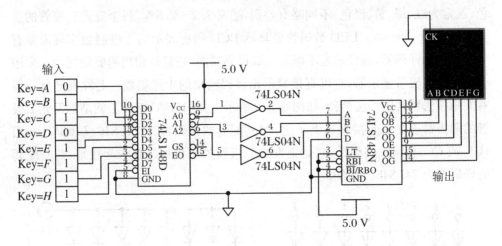

图 5.3.3　参考电路 1

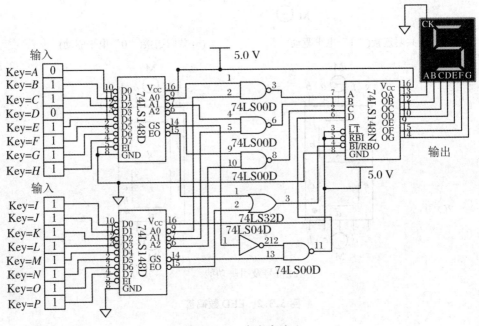

图 5.3.4　参考电路 2

【预习与实验报告要求】

1. 预习要求

(1) 实验目的。

（2）实验器件。

（3）实验预习内容。

① 预习 74LS148、74LS48 译码器和共阴极七段显示器的工作原理及使用方法。

② 熟悉 74LS148、74LS04、74LS48、七段显示器的外引线排列。

③ 画实验电路和实验数据表格。

④ 在图 5.3.1 中，74LS148 的输出端与 74LS48 输入端连接时，为什么要加 74LS04？

2. 实验报告要求

报告中要体现分析步骤和设计步骤，即

（1）分析步骤。

① 根据给定的逻辑图，从输入到输出逐级写出逻辑函数式。

② 用公式法或卡诺图法化简逻辑函数。

③ 由已化简的输出函数表达式列出真值表。

④ 从逻辑表达式或从真值表概括出组合电路的逻辑功能。

（2）设计步骤。

① 仔细分析设计要求，确定输入、输出变量。

② 对输入和输出变量赋予 0、1 值，并根据输入、输出之间的因果关系，列出输入、输出对应关系表，即真值表。

③ 根据真值表填卡诺图，写输出逻辑函数表达式的适当形式。

④ 画出逻辑电路图。

（3）总结实验结论。

实验 4　基于 MSI 的组合逻辑电路的设计

【实验目的】

（1）了解译码器、数据选择器等中规模数字集成电路（MSI）的性能及使用方法。

（2）掌握用集成译码电路和数据选择器设计简单的逻辑函数产生器。

【实验仪器、设备与器件】

(1) 数字万用表。

(2) 数字电路实验台。

(3) 集成块:74LS151、3线-8线译码器74LS138、74LS283、74LS04、74LS00、74LS20。

【实验相关知识】

1. 数据选择器的典型应用之———逻辑函数产生器

8选1数据选择器74LS151的外引线排列图和功能表分别如图5.4.1和表5.4.1所示。

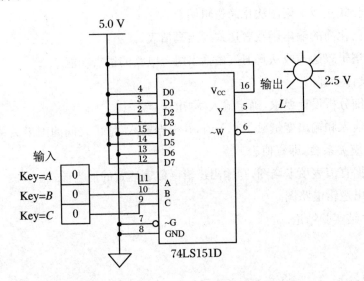

图5.4.1 用74LS151构成逻辑函数产生器

表5.4.1 74LS151功能表

输　　入				输　　出	
选通	选择			数据	反码数据
$\overline{ST}$	C	B	A	Y	$\overline{W}$
1	×	×	×	0	1
0	0	0	0	D_0	$\overline{D_0}$

续表

输　入			输　出	
选通	选择		数据	反码数据
0	0　　　0	1	D_1	$\overline{D_1}$
0	0　　　1	0	D_2	$\overline{D_2}$
0	0　　　1	1	D_3	$\overline{D_3}$
0	1　　　0	0	D_4	$\overline{D_4}$
0	1　　　0	1	D_5	$\overline{D_5}$
0	1　　　1	0	D_6	$\overline{D_6}$
0	1　　　1	1	D_7	$\overline{D_7}$

由表 5.4.1 可以看出,当选通输入端 $\overline{ST}=0$ 时。Y 是 A_2、A_1、A_0 和输入数据 $D_0 \sim D_7$ 的与或函数,它的表达式为

$$Y = \sum_{i=0}^{7} m_i D_i \tag{5.4.1}$$

式中,m_i 是 A_2、A_1、A_0 构成的最小项,显然当 $D_i=1$ 时,其对应的最小项 m_i 在与或表达式中出现。当 $D_i=0$ 时,对应的最小项就不出现。利用这一点,可以实现组合逻辑函数。

将数据选择器的地址选择输入信号 A_2、A_1、A_0 作为函数的输入变量,数据输入 $D_0 \sim D_7$ 作为控制信号,控制各最小项在输出逻辑函数中是否出现,选通输入端 $\overline{ST}$ 始终保持低电平,这样,8 选 1 数据选择器就成为一个三变量的函数产生器。

例如,利用 8 选 1 数据选择器产生逻辑函数 $L = \overline{A}\overline{B}C + \overline{A}B\overline{C} + A\overline{B}C + AB\overline{C} + ABC$。考虑高低位的顺序,故

$$L = \overline{A}\,\overline{B}C + \overline{A}B\overline{C} + A\overline{B}C + AB\overline{C} + ABC$$
$$= \overline{C}\,\overline{B}A + \overline{C}B\overline{A} + C\overline{B}A + \overline{C}BA + CBA$$

可以将此函数改写成下列形式:

$$L = m_0 D_0 + m_2 D_2 + m_5 D_5 + m_3 D_3 + m_7 D_7 \tag{5.4.2}$$

式(5.4.2)符合式(5.4.1)的标准形式。考虑到式(5.4.2)中没有出现最小项 m_1、m_4、m_6,因而只有 $D_0 = D_2 = D_3 = D_5 = D_7 = 1$,而 $D_1 = D_4 = D_6 = 0$。由此可画出该逻辑函数产生器的逻辑图如图 5.4.1 所示。

2. 3 线-8 线译码器用于逻辑函数产生器和数据分配器

3 线-8 线译码器 74LS138 的功能表如表 5.4.2 所示。

表 5.4.2　74LS138 逻辑功能表

输入					输出							
选通		译码地址			数据				反码数据			
ST_A	$\overline{ST_B}+\overline{ST_C}$	C	B	A	$\overline{Y_0}$	$\overline{Y_1}$	$\overline{Y_2}$	$\overline{Y_3}$	$\overline{Y_4}$	$\overline{Y_5}$	$\overline{Y_6}$	$\overline{Y_7}$
×	1	×	×	×	1	1	1	1	1	1	1	1
0	×	×	×	×	1	1	1	1	1	1	1	1
1	0	0	0	0	0	1	1	1	1	1	1	1
1	0	0	0	1	1	0	1	1	1	1	1	1
1	0	0	1	0	1	1	0	1	1	1	1	1
1	0	0	1	1	1	1	1	0	1	1	1	1
1	0	1	0	0	1	1	1	1	0	1	1	1
1	0	1	0	1	1	1	1	1	1	0	1	1
1	0	1	1	0	1	1	1	1	1	1	0	1
1	0	1	1	1	1	1	1	1	1	1	1	0

由表 5.4.2 可以看出,该译码器有三个选通端,即 ST_A、$\overline{ST_B}$、$\overline{ST_C}$,只有当 ST_A $=1$,$\overline{ST_B}=0$,$\overline{ST_C}=0$ 同时满足时,才允许译码,否则就禁止译码。设置多个选通端,使得该译码器能灵活地组成各种电路。

在允许的译码条件下,由功能表 5.4.2 可写出

$$\left\{\begin{array}{l} \overline{Y_0} = \overline{A}_2\overline{A}_1\overline{A}_0 = \overline{m_0} \\ \overline{Y_1} = \overline{A}_2\overline{A}_1\overline{A}_0 = \overline{m_1} \\ \cdots\cdots \\ \overline{Y_7} = \overline{A}_2\overline{A}_1\overline{A}_0 = \overline{m_7} \end{array}\right. \tag{5.4.3}$$

若要产生如图 5.4.1 所示的逻辑函数,即

$$L = \overline{A}\,\overline{B}\overline{C} + \overline{A}B\overline{C} + A\overline{B}C + AB\overline{C} + ABC$$

此式中,定义 A 为最小项最高位,C 则为最小项最低位,只要将输入变量 A、B、C 分别接到软件中高低位依次为 C、B、A 端,并利用摩根定律进行变换和式(5.4.3),可得

$$L = \overline{\overline{A\,\overline{B}\overline{C}} \cdot \overline{\overline{A}B\overline{C}} \cdot \overline{A\overline{B}C} \cdot \overline{AB\overline{C}} \cdot \overline{ABC}}$$

$$= \overline{\overline{m_0} \cdot \overline{m_2} \cdot \overline{m_5} \cdot \overline{m_6} \cdot \overline{m_7}}$$

$$= \overline{\overline{Y_0} \cdot \overline{Y_2} \cdot \overline{Y_5} \cdot \overline{Y_6} \cdot \overline{Y_7}} \tag{5.4.4}$$

因没有 5 输入与非门,故式(5.4.4)可变换为

$$L = \overline{\overline{Y_0} \cdot \overline{Y_2} \cdot \overline{Y_5} \cdot \overline{Y_6} \cdot \overline{Y_7}} = \overline{\overline{\overline{Y_0} \cdot \overline{Y_2} \cdot \overline{Y_5} \cdot \overline{Y_6}} \cdot \overline{Y_7}} \qquad (5.4.5)$$

由式(5.4.5)可得出逻辑图,如图 5.4.2 所示。

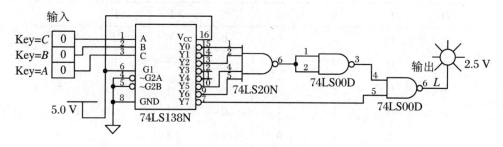

图 5.4.2　用 74LS138 构成逻辑函数产生器

此外,这种带选通输入端的译码器又是一个完整的数据分配器,如果把 74LS138 中的 ST_A 作为数据输入端,而将 C、B、A 作为地址输入端,则当 $\overline{ST_B} = \overline{ST_C} = 0$ 时,从 ST_A 端来的数据只能通过由 C、B、A 确定的一根输出线送出去。例如,当 $CBA = 100$ 时,ST_A 的状态将以反码形式出现在 $\overline{Y_4}$ 输出端。如图 5.4.3 所示,当 $CBA = 100$ 时,a、b 分别演示数据输入端为 0 和 1 的结果(灯亮表示输出为"1",灯灭表示输出为"0")。

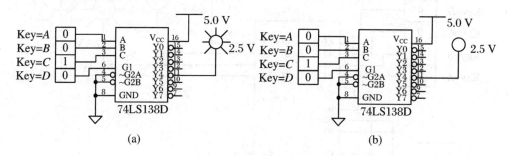

图 5.4.3　用 74LS138 构成数据分配器

3. 用加法器组成一个代码转换电路,将 BCD 代码的 8421 码转成余 3 码

以 8421 码为输入,余 3 码为输出,可得代码转换电路的逻辑真值表,如表 5.4.3 所示。

由表中可见,$Y_3 Y_2 Y_1 Y_0$ 和 $DCBA$ 所代表的二进制数始终相差 0011,即十进制数 3。故可得

$$Y_3 Y_2 Y_1 Y_0 = DCBA + 0011 \qquad (5.4.6)$$

根据式(5.4.6),用一片 4 位加法器 74LS283 便可。

接成要求的代码转换原理电路,如图5.4.4所示。

表5.4.3 8421码转成余3码

输 入				输 出			
D	C	B	A	Y_3	Y_2	Y_1	Y_0
0	0	0	0	0	0	1	1
0	0	0	1	0	1	0	0
0	0	1	0	0	1	0	1
0	0	1	1	0	1	1	0
0	1	0	0	0	1	1	1
0	1	0	1	1	0	0	0
0	1	1	0	1	0	0	1
0	1	1	1	1	0	1	0
1	0	0	0	1	0	1	1
1	0	0	1	1	1	0	0

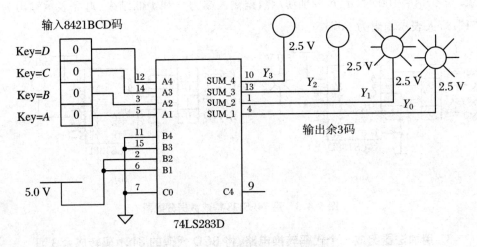

图5.4.4 8421码转成余3码原理图

4. 用使能端能将二片3/8译码器组合成一个4/16译码器

利用使能端能方便地将二片3/8译码器组合成一个4/16译码器,如图5.4.5所示。

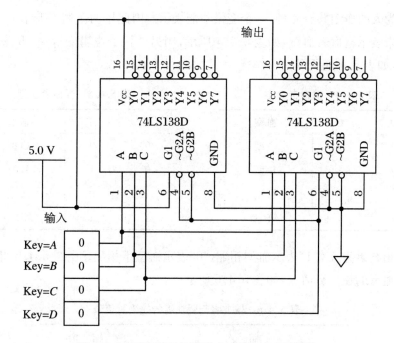

图 5.4.5　用两片 74LS138 组合成 4/16 译码器

【实验内容】

（1）设计一个血型判断器。输血者与受血者必须符合图 5.4.6 的规定。血型判断器能够判断输血者血型正确或不正确，选用 74LS151 和门电路实现。

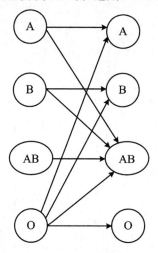

图 5.4.6　输血者与受血者的授受关系图

因为人的血型共有 4 种,一个变量不能表示。因此用两个逻辑变量 C、D 的 4 种取值来表示输血者血型,如表 5.4.4 所示;用另外两个逻辑变量 A、B 表示受血者血型,如表 5.4.5 所示。

<table>
<tr><td colspan="3">表 5.4.4　输血者血型</td><td></td><td colspan="3">表 5.4.5　受血者血型</td></tr>
<tr><td>D</td><td>C</td><td>血型</td><td></td><td>B</td><td>A</td><td>血型</td></tr>
<tr><td>0</td><td>0</td><td>O 型</td><td></td><td>0</td><td>0</td><td>O 型</td></tr>
<tr><td>0</td><td>1</td><td>B 型</td><td></td><td>0</td><td>1</td><td>B 型</td></tr>
<tr><td>1</td><td>0</td><td>A 型</td><td></td><td>1</td><td>0</td><td>A 型</td></tr>
<tr><td>1</td><td>1</td><td>AB 型</td><td></td><td>1</td><td>1</td><td>AB 型</td></tr>
</table>

输出结果为 Y,"1"表示血型相配,"0"表示血型不相配。由图 5.4.6 得出输血者与受血者的授受真值表,如表 5.4.6 所示。

表 5.4.6　输血者与受血者的授受真值表

输　入				输　出
D	C	B	A	Y
0	0	0	0	1
0	0	0	1	1
0	0	1	0	1
0	0	1	1	1
0	1	0	0	0
0	1	0	1	1
0	1	1	0	0
0	1	1	1	1
1	0	0	0	0
1	0	0	1	0
1	0	1	0	1
1	0	1	1	1
1	1	0	0	0
1	1	0	1	0
1	1	1	0	0
1	1	1	1	1

$$L = \bar{D}\bar{C}\bar{B}\bar{A} + \bar{D}\bar{C}\bar{B}A + \bar{D}\bar{C}B\bar{A} + \bar{D}\bar{C}BA + \bar{D}C\bar{B}A + \bar{D}CBA$$

$$+ D\bar{C}\bar{B}\bar{A} + D\bar{C}BA + DCBA$$

$$= \bar{D}m_0 + \bar{D}m_1 + 1 \cdot m_2 + 1 \cdot m_3 + \bar{D}m_5 + 1 \cdot m_7$$

$$D_2 = D_3 = D_7 = 1; \quad D_0 = D_1 = D_5 = \bar{D}; \quad D_4 = D_6 = 0$$

选用 74LS151 实现的电路如图 5.4.7 所示（本实验电路因初设定类型代表血型不同，设计电路有区别）。

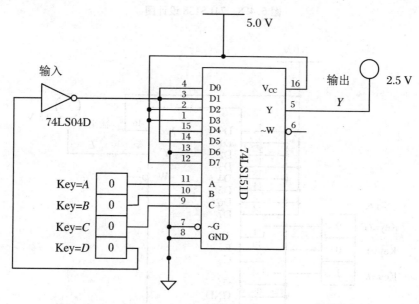

图 5.4.7 74LS151 实现输血者与受血者的授受电路

（2）试用数据选择器 74LS151 或译码器 74LS138 和与非门设计一个监测信号灯工作状态的逻辑电路。其条件是，信号灯由红（用 R 表示）、黄（用 Y 表示）和绿（用 G 表示）三种颜色灯组成，正常工作时，任何时刻只能是红、绿或黄当中的一种灯亮。而当出现其他五种灯亮状态时，电路发生故障，要求逻辑电路发出故障信号（参考电路如图 5.4.8 和图 5.4.9 所示，设计参考真值表如表 5.4.7 所示）。

设用数据开关的 1、0 分别表示 R、Y、G 灯的亮和灭状态，故障信号由实验器中的灯亮表示。试用实验验证设计的逻辑电路，并列表记下实验结果。

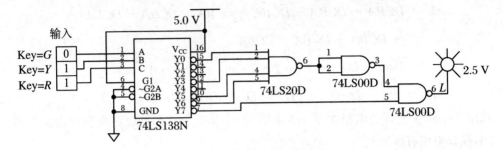

图 5.4.8 74LS138 设计图

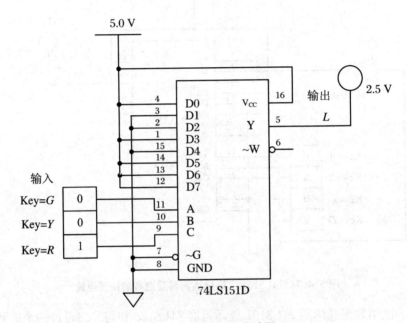

图 5.4.9 74LS151 设计图

表 5.4.7 真值表

输 入			输 出
R	Y	G	L
0	0	0	1
0	0	1	0
0	1	0	0
0	1	1	1
1	0	0	0

	输　入		续表 输　出
R	Y	G	L
1	0	1	1
1	1	0	1
1	1	1	1

（3）试用 74LS138 作为数据分配器，画出其逻辑电路图（输出量与输入量不取反），验证其逻辑功能，记录实验结果（参考电路如图 5.4.10 所示）。

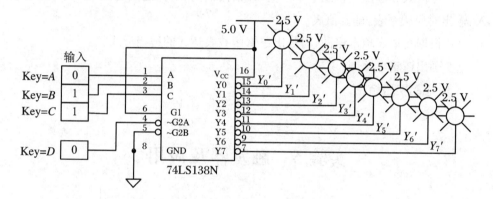

图 5.4.10　74LS138 数据分配器

（4）在图 5.4.4 所示原理电路中标出器件外引线管脚号，并接好线。验证表 5.4.3 的逻辑功能。

【预习与实验报告要求】

1. 预习要求

（1）实验目的。

（2）实验器件。

（3）实验预习内容。

① 画出 74LS151、74LS138 的外引线排列和功能表。

② 按实验内容的要求，设计并画出逻辑电路图。

③ 举例说明译码器、数据选择器、超前加法器的用途。

2. 实验报告要求

报告中要体现分析步骤和设计步骤,即

(1) 分析步骤。

① 根据给定的逻辑图,从输入到输出逐级写出逻辑函数式。

② 用公式法或卡诺图法化简逻辑函数。

③ 由已化简的输出函数表达式列出真值表。

④ 从逻辑表达式或从真值表概括出组合电路的逻辑功能。

(2) 设计步骤。

① 仔细分析设计要求,确定输入、输出变量。

② 对输入和输出变量赋予 0、1 值,并根据输入、输出之间的因果关系,列出输入、输出对应关系表,即真值表。

③ 根据真值表填卡诺图,写输出逻辑函数表达式的适当形式。

④ 画出逻辑电路图。

(3) 总结实验结论。

实验 5 触发器及应用

【实验目的】

(1) 掌握基本 RS、JK、D 和 T 触发器的逻辑功能。
(2) 掌握集成触发器逻辑功能及使用方法。
(3) 熟悉触发器之间相互转换的方法。
(4) 掌握用 JK、D 触发器构成简单时序逻辑电路的方法。

【实验仪器、设备与器件】

(1) 直流电源。
(2) 双踪示波器。
(3) 集成块:74X112、74X74、74X00、74X04、74X08 等。

【实验相关知识】

触发器具有两个稳定状态,用逻辑状态"1"和"0"表示,在一定的外界信号作用下,可以从一个稳定状态翻转到另一个稳定状态,它是一个具有记忆功能的二进制信息存贮器件,是构成各种时序电路的最基本逻辑单元。

1. 触发器的基本类型及其逻辑功能

按触发器的逻辑功能分,有 RS 触发器、JK 触发器、D 触发器、T 触发器、T' 触发器。

按触发脉冲的触发形式分,有高电平触发、低电平触发、上升沿触发和下降沿触发以及主要从触发器的脉冲触发等。

(1) 基本 RS 触发器

图 5.5.1 为由两个与非门(74LS00)交叉耦合构成的基本 RS 触发器,它是无时钟控制低电平直接触发的触发器。基本 RS 触发器具有置"0"、置"1"和"保持"三种功能。通常称 $\bar{S}$ 为置"1"端,因为 $\bar{S}=0(\bar{R}=1)$ 时触发器被置"1";$\bar{R}$ 为置"0"端,因为 $\bar{R}=0(\bar{S}=1)$ 时触发器被置"0";当 $\bar{S}=\bar{R}=1$ 时状态保持;$\bar{S}=\bar{R}=0$ 时,触发器状态不定,应避免此种情况发生,表 5.5.1 为基本 RS 触发器的功能表。

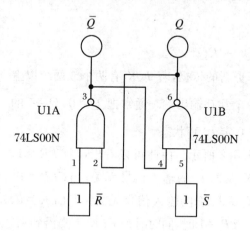

表 5.5.1　基本 RS 触发器的功能表

输　　入		输　　出	
$\bar{S}$	$\bar{R}$	Q^{n+1}	$\bar{Q}^{n+1}$
0	1	1	0
1	0	0	1
1	1	Q^n	$\bar{Q}^n$
0	0	φ	φ

图 5.5.1　基本 RS 触发器

基本 RS 触发器也可以用两个"或非门"组成,此时为高电平触发有效。

(2) JK 触发器

在输入信号为双端的情况下,JK 触发器是功能完善、使用灵活和通用性较强的一种触发器。本实验采用 74LS112 双 JK 触发器,是下降边沿触发的边沿触发器,引脚功能及逻辑符号如图 5.5.2 所示,第 1、13 引脚为时钟脉冲 CLK;第 8 引脚为接地 GND;第 16 引脚为电源端 V_{CC};第 2、12 引脚为输入端 K;第 3、11 引脚为输入端 J;第 4、10 为异步置 1 端 $\overline{PR_1}$ 和 $\overline{PR_2}$;第 14、15 引脚为异步置 0 端 $\overline{CLR}$;第 5、9 为输出端 Q;第 6、7 为输出端 $\bar{Q}$。

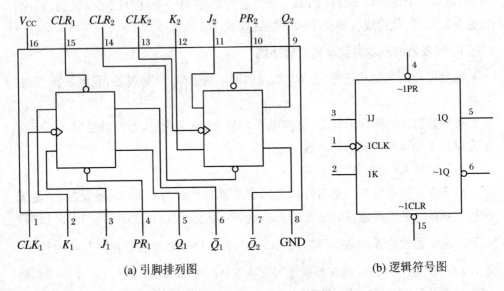

(a) 引脚排列图　　　　　　　　　　　　(b) 逻辑符号图

图 5.5.2　74LS112 双 JK 触发器引脚排列及逻辑符号

JK 触发器的状态方程为

$$Q^{n+1} = J\bar{Q}^n + \bar{K}Q^n$$

J 和 K 是数据输入端,是触发器状态更新的依据,若 J、K 有两个或两个以上输入端时,组成"与"的关系。Q 与 $\bar{Q}$ 为两个互补输出端。通常把 $Q=0$、$\bar{Q}=1$ 的状态定为触发器"0"状态;而把 $Q=1$,$\bar{Q}=0$ 定为"1"状态。

74LS112 双 JK 触发器功能表如表 5.5.2 所示。由此可以看出,当 $\overline{CLR}=1$、$\overline{PR}=0$ 时,触发器立即置 1,与时钟 CLK 及 J、K 的输入信号无关;当 $\overline{CLR}=0$、$\overline{PR}=1$ 时,触发器立即置 0,与时钟 CLK 及 J、K 的输入信号无关;当 $\overline{CLR}=0$、$\overline{PR}=0$ 时,输出为不确定状态;当 $\overline{CLR}=1$、$\overline{PR}=1$ 时,同时时钟 CLK 下降沿到来,$JK=00$(保持),$JK=01$(置 0),$JK=10$(置 1),$JK=11$(计数),时钟 CLK 为其也状态时,输出保持原状态不变。

表 5.5.2 74LS112 双 *JK* 触发器功能表

输 入					输 出	
$\overline{PR}$	$\overline{CLR}$	CLK	J	K	Q^{n+1}	$\overline{Q}^{n+1}$
0	1	×	×	×	1	0
1	0	×	×	×	0	1
0	0	×	×	×	φ	φ
1	1	↓	0	0	Q^n	$\overline{Q}^n$
1	1	↓	0	1	0	1
1	1	↓	1	0	1	0
1	1	↓	1	1	$\overline{Q}^n$	Q^n
1	1	↑	×	×	Q^n	$\overline{Q}^n$

注:× — 任意态;↓ — 高到低电平跳变;↑ — 低到高电平跳变。

$Q^n(\overline{Q}^n)$ — 现态;$Q^{n+1}(\overline{Q}^{n+1})$ — 次态;φ — 不定态。

JK 触发器常被用作缓冲存储器、移位寄存器和计数器。

(3) *D* 触发器

在输入信号为单端的情况下,*D* 触发器用起来最为方便,其状态方程为 $Q^{n+1} = D^n$,触发器的状态只取决于时钟到来前 *D* 端的状态。有很多种型号可供各种用途的需要而选用,如双 *D* 74LS74、四 *D* 74LS175、六 *D* 74LS174 等。

本实验采用 74LS74 双 *D* 触发器,其输出状态的更新发生在 *CP* 脉冲的上升沿,是上升沿触发的边沿触发器,引脚排列及逻辑符号如图 5.5.3 所示,第 1、13 引脚为时钟脉冲 *CLK*;第 7 引脚为接地端 GND;第 14 引脚为电源端 V_{CC};第 2、12 引脚为输入端 *D*;第 3、11 引脚为时钟脉冲 *CLK*;第 4、10 为异步置 1 端 $\overline{PR}$;第 14、15 引脚为异步置 0 端 $\overline{CLR}$;第 5、9 为输出端 *Q*;第 6、8 为输出端 $\overline{Q}$。

其功能表如表 5.5.3 所示。由此可以看出,当 $\overline{CLR} = 1$、$\overline{PR} = 0$ 时,触发器立即置 1,与时钟 *CLK* 及 *D* 的输入信号无关;当 $\overline{CLR} = 0$、$\overline{PR} = 1$ 时,触发器立即置 0,与时钟 *CLK* 及 *D* 的输入信号无关;当 $\overline{CLR} = 0$、$\overline{PR} = 0$ 时,输出为不确定状态;$\overline{CLR} = 1$、$\overline{PR} = 1$ 时,同时时钟 *CLK* 上升沿到来,输入 $D = 0$(置 0),$D = 1$(置 1),即输出随输入而发生变化,时钟 *CLK* 为其也状态时,输出保持原状态不变。

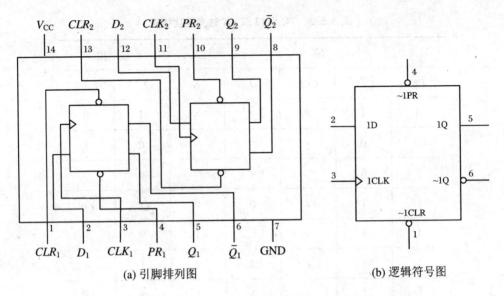

(a) 引脚排列图　　　　　　　　　　　(b) 逻辑符号图

图 5.5.3　74LS74 引脚排列及逻辑符号

D 触发器的应用很广,可用作数字信号的寄存、移位寄存、分频和波形发生等。

(4) T 和 T' 触发器

在 CP 时钟脉冲控制下,根据输入信号 T 取值的不同,具有保持和翻转功能的触发器,即当 $T=0$ 时能保持状态不变,当 $T=1$ 时一定翻转的电路。其状态方程为 $Q^{n+1}=T\bar{Q}^n+\bar{T}Q^n$,功能表如表 5.5.4 所示。凡每来一个时钟脉冲就翻转一次的电路,称为 T' 触发器。其状态方程为 $Q^{n+1}=\bar{Q}^n$。

表 5.5.3　74LS74 双 D 触发器功能表

输入				输出	
$\overline{PR}$	$\overline{CLR}$	CLK	D	Q^{n+1}	$\bar{Q}^{n+1}$
0	1	×	×	1	0
1	0	×	×	0	1
0	0	×	×	φ	φ
1	1	↑	1	1	0
1	1	↑	0	0	1
1	1	↓	×	Q^n	$\bar{Q}^n$

表 5.5.4　T 触发器的功能表

T	Q^{n+1}
0	Q^n
1	$\bar{Q}^n$

常见的时钟控制触发器的特性方程和功能表如表 5.5.5 所示。

表 5.5.5　时钟控制触发器的特性方程和功能表

类　型	特性方程	功能表		
RS 触发器	$Q^{n+1} = S + \bar{R}Q^n$ $RS = 0$（约束条件）	S	R	Q^{n+1}
		0	0	Q^n
		0	1	0
		1	0	1
		1	1	不定
JK 触发器	$Q^{n+1} = J\bar{Q}^n + \bar{K}Q^n$	J	K	Q^{n+1}
		0	0	Q^n
		0	1	0
		1	0	1
		1	1	$\bar{Q}^n$
T 触发器	$Q^{n+1} = \bar{Q}^n$	T		Q^{n+1}
		0		Q^n
		1		$\bar{Q}^n$
D 触发器	$Q^{n+1} = D$	D		Q^{n+1}
		0		0
		1		1

2. 触发器的转换

在集成触发器的产品中,每一种触发器都有自己固定的逻辑功能。但由于目前市场上供应的多为集成 JK 触发器和 D 触发器,很少有 T 触发器和 T' 触发器,必要时需要用一种类型的触发器代替另一种类型的触发器。这就需要进行触发器的转换。根据各种触发器的特性方程,可实现将 JK 触发器转换成 D、T、T' 触发器和将 D 触发器转换成 JK、T、T' 触发器,表 5.5.6 为转换方法。

表 5.5.6　触发器的转换

原触发器	转换成				
	T 触发器	T 触发器	D 触发器	JK 触发器	RS 触发器
D 触发器	$D = T \oplus Q^n$ $= T\overline{Q^n} + \overline{T}Q^n$	$D = \overline{Q^n}$		$D = J\overline{Q^n} + \overline{K}Q^n$	$D = S + \overline{R}Q^n$
JK 触发器	$J = K = T$	$J = K = 1$	$J = D, K = \overline{D}$		$J = S, K = R$
RS 触发器	$R = TQ^n$ $S = T\overline{Q^n}$	$R = Q^n$ $S = \overline{Q^n}$	$R = \overline{D}$ $S = D$	$S = KQ^n$ $R = J\overline{Q^n}$	

　　例如:将 JK 的 J 与 D 相连接,K 与 $\overline{D}$ 相连接,即得到 JK 触发器转换为 D 触发器,如图 5.5.4(a)所示;将 JK 触发器的 J、K 两端连在一起,并认它为 T 端,就得到所需的 T 触发器,如图 5.5.4(b)所示;将 $J = K = 1$,即得 T' 触发器,如图 5.5.4(c)所示。

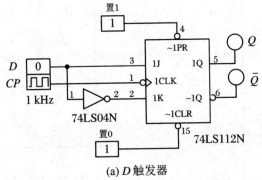

(a) D 触发器

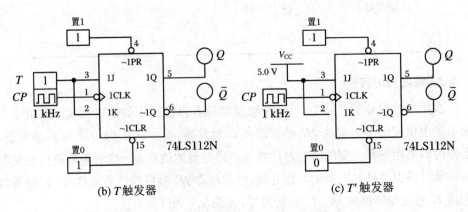

(b) T 触发器　　　　　　　　　　　(c) T' 触发器

图 5.5.4　JK 触发器转换为 D、T、T' 触发器

同理,也可将 D 触发器转换成 JK、T、T′触发器,如图 5.5.5 所示。

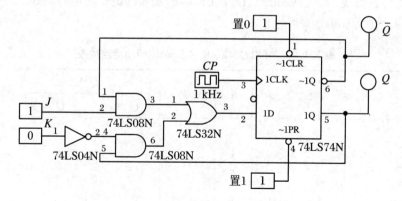

(a) JK 触发器

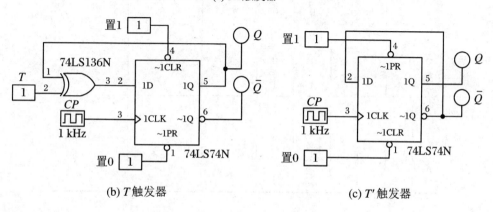

(b) T 触发器　　　　　　　　　　　(c) T′触发器

图 5.5.5　D 转成 JK、T、T′触发器

【实验内容】

(1) 利用与非门设计一个 RS 触发器,利用比较慢的时钟,验证其逻辑功能,可参考表 5.5.7。

表 5.5.7　RS 触发器的逻辑功能

$\bar{R}$	$\bar{S}$	Q^{n+1}		$\bar{Q}^{n+1}$	
		$Q^n = 0$	$Q^n = 1$	$Q^n = 0$	$Q^n = 1$
0	0				
1	1				
0	1				
0	1				

(2) 测试集成 JK(74LS112)、D(74LS74)触发器的逻辑功能,74LS112 可参考表 5.5.8,74LS74 可参考表 5.5.9。

表 5.5.8　74LS112(双 JK 触发器)逻辑功能测试表

$\overline{CLR}$	$\overline{PR}$	J	K	CP	Q^{n+1}	
					$Q^n = 0$	$Q^n = 1$
0	1	0	0			
		0	1			
		1	0			
		1	1			
1	0	0	0			
		0	1			
		1	0			
		1	1			
1	1	0	0			
1	1	0	1			
1	1	1	0			
1	1	1	1			

表 5.5.9　74LS74(双 D 触发器)逻辑功能测试表

$\overline{CLR}$	$\overline{PR}$	D	Q^{n+1}	
			$Q^n = 0$	$Q^n = 1$
0	1	0		
		1		
1	0	0		
		1		
1	1	0		
1	1	1		

(3) 将 JK 触发器转换成 D、T、T' 触发器,或将 D 触发器转换成 JK、T、T' 触发器,验证其功能,验证表格自己设计。

(4) 双相时钟脉冲电路。

用 JK 触发器及与非门构成的双相时钟脉冲电路如图 5.5.6 所示,此电路是

用来将时钟脉冲 CP 转换成两相时钟脉冲 CP_A 及 CP_B,其频率相同、相位不同。

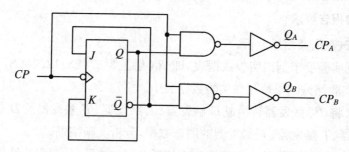

图 5.5.6　双相时钟脉冲电路

分析电路工作原理,并按图 5.5.6 接线,用双踪示波器同时观察 CP、CP_A；CP、CP_B 及 CP_A、CP_B 波形,并对其进行描绘。

(5) 将 JK 触发器或 D 触发器设计一个 2-4 分频电路,并观察和记录 CP、$1Q$、$2Q$ 的波形,理解 2-4 分频的概念。

(6) 乒乓球练习电路。

电路功能要求:模拟两名运动员在练球时,乒乓球能往返运转。

提示:采用双 D 触发器 74LS74 设计电路,由两名运动员通过控制电路进行操作。设甲运动员是触发器 Q_1 输出,乙运动员是触发器 Q_2 输出,甲击球时 Q_2 有输出,乙击球时 Q_1 有输出。同时,由 Q_1 和 Q_2 代表的乒乓球不能同时为"1"和同时为"0",因此先应预置触发器的输出状态。

【预习与实验报告要求】

1. 预习要求

(1) 实验目的。

(2) 实验器件。

(3) 实验预习内容。

① 触发器的基本特点是什么? 按逻辑功能的不同触发器主要有哪些类型?并写出各种类型的特性方程及功能。

② 边沿触发和电平触发的区别是什么?

③ 如何将 D 触发器变成 T' 触发器?

④ 画出 74X112、74X74、74X00、74X04 等主要集成器件外引线排列图。

⑤ 绘制出将 JK 触发器转换成 D 触发器、T 触发器、T' 触发器及 D 触发器转换成 JK 触发器、T 触发器、T' 触发器的连接电路图,并设计好测试表格。

⑥ 用 JK 或 D 触发器设计脉冲电路、分频电路及乒乓球练习等电路。

2. 实验报告要求

(1) 测试数据及结果分析。

① 根据实验要求列出实验数据表，即 RS 触发器、74LS112、74LS74 逻辑功能测试表，将实验测试结果填写在实验数据表中。

② 记录将 JK 触发器转换成 D 触发器、T 触发器、T' 触发器及 D 触发器转换成 JK 触发器、T 触发器、T' 触发器的测试数据，分析实验结果。

③ 绘制出双相时钟脉冲电路及 2-4 分频电路的波形，分析实验结果。

④ 记录乒乓球练习的实验数据，并分析实验结果。

(2) 实验中存在的问题及解决方法。

(3) 实验收获(知识、能力和素质)。

实验 6 计数器的验证与应用

【实验目的】

(1) 掌握中规模集成计数器的使用及功能测试方法。

(2) 掌握使用中规模集成计数器设计 N 进制计数器的方法。

【实验仪器、设备与器件】

(1) 数字电子技术实验教学平台。

(2) 74X160、74X161 等集成块。

【实验相关知识】

1. 计数器概述

计数器是一个用以实现计数功能的时序部件，它不仅可用来计脉冲数，还常用作数字系统的定时、分频和执行数字运算以及其他特定的逻辑功能。

计数器种类很多。按构成计数器中的各触发器是否使用一个时钟脉冲源来分,有同步计数器和异步计数器。根据计数制的不同,分为二进制计数器、十进制计数器和任意进制计数器。根据计数的增减趋势,又分为加法、减法和可逆计数器。还有可预置数和可编程序功能计数器等。目前,无论是 TTL 还是 CMOS 集成电路,都有品种较齐全的中规模集成计数器。使用者只要借助于器件手册提供的功能表和工作波形图以及引出端的排列,就能正确地运用这些器件。

在实际应用中,常采用集成计数器。集成计数器类型较为丰富,常见的集成的74 系列计数器有以下几种:

74X161:四位二进制同步加法计数器,异步清零,同步置数。

74X163:四位二进制同步加法计数器,同步清零,同步置数。

74X191:四位二进制同步可逆计数器,异步置数。

74X193:四位二进制同步可逆计数器,异步清零,异步置数,双时钟。

74X160:十进制同步计数器,异步清零,同步置数。

74X162:十进制同步加法计数器,同步清零,同步置数。

74X190:十进制同步可逆计数器,异步置数。

74X163:十进制同步可逆计数器,异步清零,异步置数,双时钟。

下面以 74X161 为例说明集成计数器实现的逻辑功能。

74X161 是比较典型的四位同步二进制加法计数器,图 5.6.1 为引脚排列图和74LS161N 的逻辑符号图,在引脚外侧也标出了引脚名称。

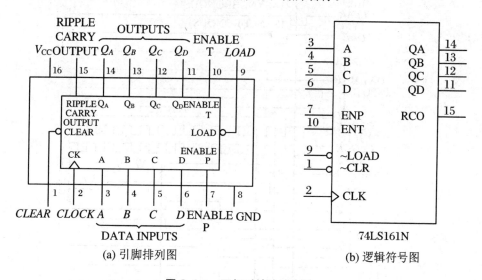

(a) 引脚排列图　　　　　　　　　(b) 逻辑符号图

图 5.6.1　双相时钟脉冲电路

逻辑功能图对引脚作了分类,将输出引脚放在逻辑原理图的右侧,输入引脚放在逻辑原理图的左侧,输入引脚按功能引脚和数据输入引脚分类。分类使 74X161 的逻辑关系更加清晰,使用更加方便。

第 1 引脚为清零端 CLR（或 $CLEAR$）；第 9 引脚为置数端 LD（$LOAD$）；第 2 引脚为计数脉冲输入端 CLK（$CLOCK$）；第 7、10 引脚为计数使能控制端（ENP、ENT），第 3～6 引脚为并行数码输入端（$D_0 \sim D_3$ 或 $A \sim D$）；第 11～14 引脚为计数器状态输出端（$Q_3 \sim Q_0$ 或 $Q_D \sim Q_A$），第 15 引脚为进位信号输出端 RCO。

集成计数器 74X161 的功能表如表 5.6.1 所示。

表 5.6.1　74X161 功能表

CLK	CLR	ENP	ENT	LOAD	功能
X	L	X	X	X	异步清零
X	H	X	L	H	保持
X	H	L	H	H	保持
X	H	L	L	H	保持
↑	H	X	X	L	同步置数
↑	H	H	H	H	计数

注：H—高电平；L—低电平；X—任意电平；↑—低到高电平跳变。

集成计数器 74X161 的时序图如图 5.6.2 所示。

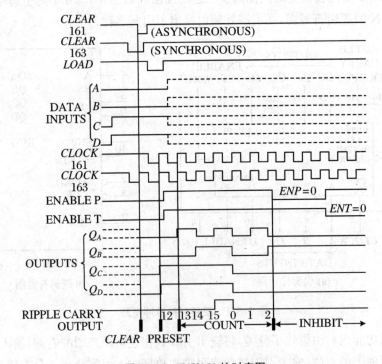

图 5.6.2　74X161 的时序图

由功能表和时序图分析可知 74X161 的主要功能有：

（1）异步清零功能

当 $CLR = 0$ 时，计数器异步清零。

（2）同步置数功能

当 $CLR = 1$，$LOAD = 0$ 时，在 CLK 上升沿时，输入端数码 $A \sim D$ 并行送入计数器中，即 $Q_D Q_C Q_B Q_A = DCBA$。

（3）保持功能

当 $CLR = 1$，$LOAD = 1$，ENP 和 ENT 至少有一个为 0 时，计数器输出状态保持不变。

（4）计数功能

当 $CLR = 1$，$LOAD = 1$，$ENP = ENT = 1$ 时，计数器对 CLK 信号按照 8421 码进行加法计数，进位的逻辑关系为 $RCO = Q_D Q_C Q_B Q_A$，即当 $Q_D Q_C Q_B Q_A = 1111$ 时产生进位信号。

请读者自行在仿真软件中按图 5.6.3 所示的连接方式验证 74X161 的逻辑功能。并自行设计仿真电路验证其他集成计数器，以熟悉根据数据手册掌握集成计数器的使用方法。

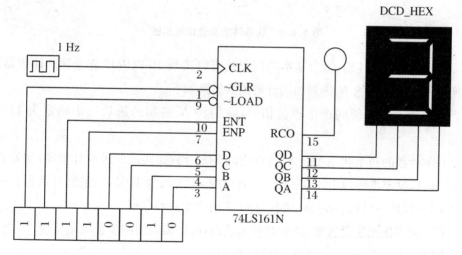

图 5.6.3　74X161 的逻辑功能验证连接图

2. 小于集成计数器计数值的计数器的实现

在实际的应用中，一般采用集成计数器来设计 N 进制计数器，下面按 N 小于或大于集成计数器计数值分类讨论基于集成计数器设计 N 进制计数器的方法。

计数器是记录时钟脉冲个数的器件，N 进制的计数逻辑电路实现了 N 个状态间按一定次序转换,对具体状态并未特别要求。例如,要实现五进制计数器,状态在 0001→0010→0011→0100→0101 间依次转换与在 1011→1100→1101→1110→1111 间依次转换在逻辑功能上并无差异。N 进制计数器的 N 个状态转换完一个周期后产生进位信号。计数器的记录上升沿所用的状态转换及进位输出如图 5.6.4 所示。

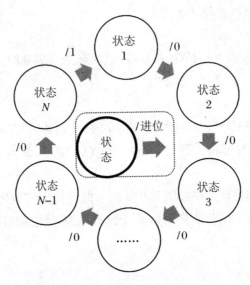

图 5.6.4　状态转换及进位输出图

以 74X161 为基础,结合基本的门电路可以实现 16 以内任意进制的计数器,其实现满足含进位的 N 进制加法计数器的思路如下:

(1) 为了更方便的产生进位信号,我们将 N 进制的最后一个确定为 1111 状态。

(2) 计数的初始状态 $16-N$ 所对应的 8421 码,如实现三进制计数器,初始状态为 1101,设定步骤为 $16-3=13$,13 对应的 8421 码为 1101,三进制计数器在状态 1101→1110→1111 间转换,状态为 1111 时产生进位信号。

(3) 清零法无法设置非 0000 的初始状态,所以需采用同步置数法实现。

例 1　用 74X161 实现八进制计数器。

第一步:设定计数状态。

为了用 74X161 的进位输出端 RCO 产生进位信号,$Q_3Q_2Q_1Q_0$ 须含 1111 状态。

第二步:产生置数信号。

在 $Q_3Q_2Q_1Q_0$ 为 1111 状态是产生置数信号,由 74X161 的功能表可知,置数端($LOAD$)为低电平时实现置数功能。可用进位端经非门后接入置数端。

第三步：设定并行置数值。

$Q_3Q_2Q_1Q_0$ 最后一个状态为 1111 状态，由于 74X161 为同步置数，在置数信号出现后的下一个时钟沿时，$Q_3Q_2Q_1Q_0 = D_3D_2D_1D_0$，$D_3D_2D_1D_0$ 的取值设置方法为 $16 - N = 16 - 8 = 8$，十进制 8 的 8421 码为 1000，故 $D_3D_2D_1D_0 = 1000$。

第四步：仿真验证设计出的八进制计数器。

按如图 5.6.5 所示电路在仿真软件中验证设计结果。

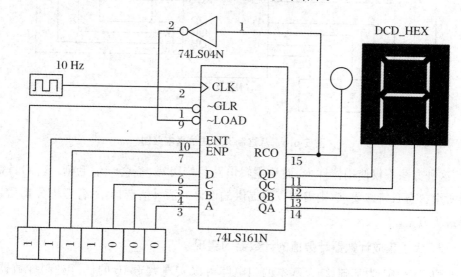

图 5.6.5　八进制置数法仿真电路图

下面采用异步清零的方法来实现八进制计数器，并对比同步置数和异步清零两种设计方法的特点。

采用异步清零法来实现 N 进制加法计数器，首先可确定计数的初始状态为 0000，由于 74X161 异步清零，即清零端信号出现后立即返回 0000 状态，所以最后一个状态为 N 对应的 8421 码，计数状态为 0000 到 $N-1$ 对应的 8421 码，N 对应的 8421 码并不是计数状态。若设计八进制计数器，计数状态为 0000、0001、0010、0011、0100、0101、0110、0111 八个状态。由于清零端为低电平时异步清零，状态为 1000 时产生清零信号，将 Q_3 经非门即可产生清零信号，如图 5.6.6 所示。

如果用 74X161 的 0000 状态作为初始状态设计 $N(N<16)$ 进制计数器，进位信号还需另行设计，一般可用与门来实现，将最后一个状态的高电平输出端作为后一级与门的输入端，如用异步清零法设计八进制计数器的进位端逻辑为 $Y = Q_2Q_1Q_0$，但这样增加了设计成本。

用 74X161 基础元件设计小于 16 的计数器时，应首先选用同步置数的方法设

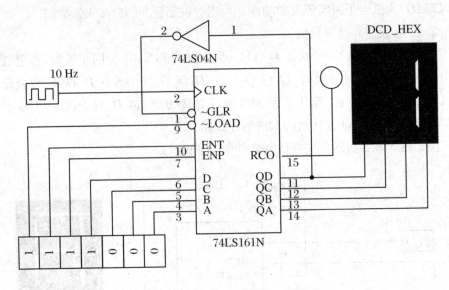

图 5.6.6　八进制清零法仿真电路图

计,这种方法不仅使用器件少,而且逻辑电路稳定可靠,不会产生毛刺。若对计数器所用状态有特殊要求,则需据以上提供的设计方法灵活选择,综合考虑分析后选择最优方案。

3. 大于集成计数器计数值的计数器的实现

以 74X161 为基础,结合基本的门电路可以实现大于 16 的任意进制计数器,实现满足含进位的 N 进制加法计数器的思路如下:

(1) 据 N 的值确定 74X161 的数量,M 片可实现 2^{4M} 进制内的计数器。

(2) 集成块使用同一时钟源,将低位集成块的进位 RCO 与相邻高位片的使能控制端(ENT 和 ENP)相连,构成 2^{4M} 进制计数器。

(3) 为了更方便的产生进位信号,我们将 74X161 为 1 的状态作为 N 进制计数器的最后一个状态。

(4) 计数的初始状态 $2^{4M} - N$ 所对应的 8421 码,如实现二十进制计数器,初始状态为 $(EC)_{16}$,使用 Windows 系统自带的程序员计算器如图 5.6.7 所示,设定步骤如下:

① 计算 $2^{4M} - 20 = 256 - 20 = 236$。

② 将 236 转换为 8421 码为 1110 1100,即 $(EC)_{16}$ 作为二十进制计数器的初始状态。

(5) 状态为 11111111 时产生进位信号。

(6) 清零法无法设置非 0000 的初始状态,所以需采用同步置数法实现。

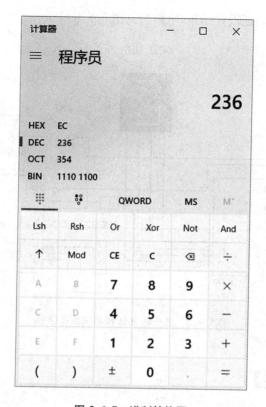

图 5.6.7　进制转换图

例 2　用 74X161 实现二十进制计数器。

第一步:设定计数状态。

为了用 74X161 的进位输出端 RCO 产生进位信号,$Q_7Q_6Q_5Q_4Q_3Q_2Q_1Q_0$ 须含 11111111 状态。

第二步:产生置数信号。

在 $Q_7Q_6Q_5Q_4Q_3Q_2Q_1Q_0$ 为 11111111 状态时产生置数信号,由 74X161 的功能表可以得出,置数端($LOAD$)为低电平时实现置数功能。可用进位端经非门后接入置数端。

第三步:设定并行置数值。

如前所述,将 $Q_7Q_6Q_5Q_4Q_3Q_2Q_1Q_0$ 的初始状态为 1110 1100,所以并行置数值 $D_7D_6D_5D_4D_3D_2D_1D_0 = Q_7Q_6Q_5Q_4Q_3Q_2Q_1Q_0 = 1110\ 1100$。

第四步:仿真验证设计出的二十进制计数器。

在仿真软件中验证设计结果,电路图见图 5.6.8。

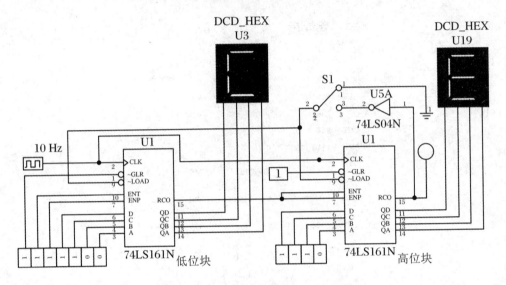

图 5.6.8 二十进制计数器仿真电路图

【实验内容】

(1) 验证 74X161 或 74X160 的逻辑功能。

(2) 基于集成计数器设计 N 进制计数器($5<N<15$ 中的任意值)。

(3) 基于集成计数器设计二十四或六十进制计数器。

【预习与实验报告要求】

1. 预习要求

(1) 实验目的。

(2) 实验器件。

(3) 实验预习内容。

① 同步时序逻辑电路和异步时序逻辑电路的区别?

② 利用 74LS161 设计一个任意进制加法计数器,采用同步置数法和异步清零法时,有什么区别?

③ 请通过查阅资料,画出实验所需的排列引线图及其逻辑功能表。

④ 写出设计 N 进制计数器的过程:画出状态转换图、写出归位逻辑、绘制逻辑

原理图。

2．实验报告要求

（1）测试数据及结果分析。

① 画出 74X160 或 74X161 集成电路的逻辑功能测试表，将实验测试结果填写在实验数据表中，并分析实验结果。

② 记录 N 进制计数器的测试数据，分析实验结果。

③ 记录二十四或六十进制计数器的测试数据，分析实验结果。

（2）实验中存在的问题及解决方法。

（3）实验收获（知识、能力和素质）。

实验 7　寄存器应用与设计

【实验目的】

（1）掌握移位寄存器的存储原理与移位原理。

（2）掌握中规模 4 位双向移位寄存器的逻辑功能及使用方法。

（3）熟悉移位寄存器的应用，实现数据的串行、并行转换和构成环形计数器。

（4）能用移位寄存器进行简单电路的设计。

【实验仪器、设备与器件】

（1）数字电子技术实验教学平台。

（2）74X194、74X164、74X00、74X30 等集成块。

【实验相关知识】

1．移位寄存器

移位寄存器除了具有存储代码的功能，还具有移位的功能。

（1）4 位双向通用移位寄存器

双向通用移位寄存器是指寄存器中所存的代码能够在移位脉冲的作用下依次左移或右移。既能左移又能右移的称为双向移位寄存器,只需要改变左、右移的控制信号便可实现双向移位要求。根据移位寄存器存取信息的方式不同,分为串入串出、串入并出、并入串出、并入并出四种形式。本实验选用的 4 位双向通用移位寄存器,型号为 74LS194 或 CC40194,两者功能相同,可互换使用,图 5.7.1 为 74LS194 的引脚排列及逻辑功能示意图。

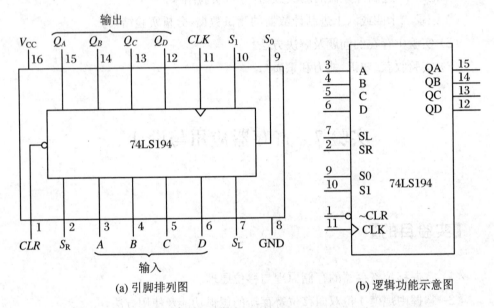

(a) 引脚排列图 (b) 逻辑功能示意图

图 5.7.1 74LS194 的引脚排列及逻辑功能示意图

A、B、C、D 为并行输入端;Q_A、Q_B、Q_C、Q_D 为并行输出端;S_R 为右移串行输入端,S_L 为左移串行输入端;S_1、S_0 为操作模式控制端;CLR 为异步清零端;CLK 为时钟脉冲输入端。74LS194 的功能如表 5.7.1 所示。

74LS194 有五种不同操作模式:

① 清除:当 $CLR = 0$ 时,其他输入均为任意态,寄存器输出 Q_A、Q_B、Q_C、Q_D 应均为 0。

② 送数:当 $CLR = S_1 = S_0 = 1$,送入任意 4 位二进制数,如 $ABCD = abcd$,CLK 时钟脉冲上升沿时,将加在 $ABCD$ 上的数据 $abcd$ 并行送入寄存器,即 $Q_A Q_B Q_C Q_D = abcd$。

③ 右移:$CLR = 1$,$S_1 = 0$,$S_0 = 1$,在 CLK 上升沿可依次把加在 S_R 端的数码从 Q_A 开始右移送入对应的寄存器中。

④ 左移:$CLR = 1$,$S_1 = 1$,$S_0 = 0$,在 CLK 上升沿可依次把加在 S_L 端的数码从

Q_D 开始左移送入对应的寄存器中。

⑤ 保持:寄存器予置任意 4 位二进制数码 $abcd$,$CLR=1$,$CLK=0$,或 $S_1=S_0=0$,双向移位寄存器保持状态不变。

表 5.7.1　74LS194 功能表

输入										输出			
CLR	模式		CLK	串行		并行				Q_A	Q_B	Q_C	Q_D
	S_1	S_0		S_L	S_R	A	B	C	D				
L	X	X	X	X	X	X	X	X	X	L	L	L	L
H	X	X	L	X	X	X	X	X	X	Q_{A0}	Q_{B0}	Q_{C0}	Q_{D0}
H	H	H	↑	X	X	a	b	c	d	a	b	c	d
H	L	H	↑	X	H	X	X	X	X	H	Q_{An}	Q_{Bn}	Q_{Cn}
H	L	H	↑	X	L	X	X	X	X	L	Q_{An}	Q_{Bn}	Q_{Cn}
H	H	L	↑	H	X	X	X	X	X	Q_{Bn}	Q_{Cn}	Q_{Dn}	H
H	H	L	↑	L	X	X	X	X	X	Q_{Bn}	Q_{Cn}	Q_{Dn}	L
H	L	L	X	X	X	X	X	X	X	Q_{A0}	Q_{B0}	Q_{C0}	Q_{D0}

(2) 8 位串入并出移位寄存器

74X164 是 8 位串入并出移位寄存器,该 8 位移位寄存器具有与门使能控制串口输入和一个异步复位输入的特点。使能控制输入端能控制不需要的输入数据信号,使其为低电平。当复位信号为低电平时,不管其他信号为何状态,其输出均为低电平;复位信号为高电平时,寄存器从第一位开始在每个时钟信号的上升沿对输入数据依次移位存储。本实验项目采用 74LS164 寄存器,其引脚排列及逻辑功能示意图如图 5.7.2 所示。

CLK 为时钟输入端;CLR 为清除输入端(低电平有效);A、B 为串行数据输入端;$Q_A \sim Q_H$ 为输出端。

当清除端 CLR 为低电平时,输出端($Q_A \sim Q_H$)均为低电平。数据通过两个数据输入端(A、B)串行输入;任一输入端可以用作高电平使能端,控制另一输入端的数据输入。即 A、B 任意一个为高电平时,则另一个就允许输入数据,并在 CLK 上升沿作用下决定 Q_A 的状态;A、B 任意一个为低电平时,禁止数据输入,功能表如表 5.7.2 所示。

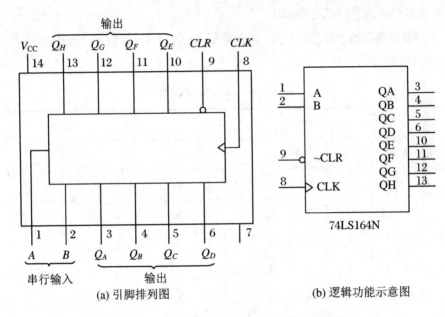

(a) 引脚排列图　　　　　　　(b) 逻辑功能示意图

图 5.7.2　74LS164 的引脚排列及逻辑功能示意图

表 5.7.2　74LS164 功能表

输入				输出			
CLR	CLK	A	B	Q_A	Q_B	$\cdots$	Q_H
L	X	X	X	L	L	$\cdots$	Q_{H0}
H	L	X	X	Q_{A0}	Q_{B0}	$\cdots$	Q_{H0}
H	$\uparrow$	H	H	H	Q_{An}	$\cdots$	Q_{Gn}
H	$\uparrow$	L	X	L	Q_{An}	$\cdots$	Q_{Gn}
H	$\uparrow$	X	L	L	Q_{An}	$\cdots$	Q_{Gn}

注：H—高电平；L—低电平；X—任意电平；$\uparrow$—低到高电平跳变。

Q_{A0}，Q_{B0}，$\cdots$，Q_{H0}—规定的稳态条件建立前的电平。

Q_{An}，$\cdots$，Q_{Gn}—时钟最近的$\uparrow$前的电平。

2. 移位寄存器的应用

移位寄存器应用广泛，可构成移位寄存器型计数器、顺序脉冲发生器、串行累加器；可用作数据转换，即把串行数据转换为并行数据，或把并行数据转换为串行数据等。本实验研究移位寄存器用作环形计数器和数据的串、并行转换。

(1) 环形计数器

把移位寄存器的输出反馈到它的串行输入端，就可以进行循环移位。如图 5.7.3

所示,把输出端 Q_D 和右移串行输入端 S_R 相连接。首先,数据输入 $ABCD = 1000$,
$CLR = 1, S_1 S_0 = 11$,在时钟脉冲 CP 上升沿时,输入数据送入移位寄存器,使 Q_A
$Q_B Q_C Q_D = 1000$;然后使 $S_1 S_0 = 01$,在时钟脉冲作用下 $Q_A Q_B Q_C Q_D$ 将依次变为
$0100 \rightarrow 0010 \rightarrow 0001 \rightarrow 1000 \rightarrow \cdots$,如表 5.7.3 所示,可见它是一个具有四个有效状态
的计数器,这种类型的计数器通常称为环形计数器。

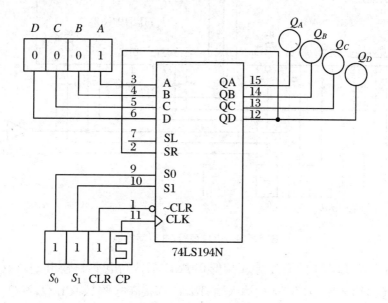

图 5.7.3　环形计数器

表 5.7.3　环形计数器顺序

CLK	Q_A	Q_B	Q_C	Q_D
0	1	0	0	0
1	0	1	0	0
2	0	0	1	0
3	0	0	0	1

如果将输出 Q_A 与左移串行输入端 S_L 相连接,即可达左移循环移位。

(2) 实现数据串、并行转换

① 串行/并行转换器

串行/并行转换是指串行输入的数码,经转换电路之后变换成并行输出。
图 5.7.4 是用 2 片 74LS194(CC40194)4 位双向移位寄存器组成的七位串/并行数
据转换电路。

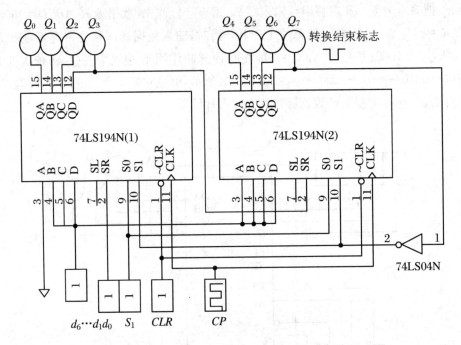

图 5.7.4 七位串行/并行转换器

第 1 片 74LS194 的输入端 A 接低 0，BCD 都接高电平 1，输出 $Q_A \sim Q_D$ 分别接 $Q_0 \sim Q_3$，第 2 片 74LS194 的输入端 $ABCD$ 都接高电平 1，输出 $Q_A \sim Q_D$ 分别接 $Q_4 \sim Q_7$，控制端 S_0 接高电平 1，S_1 受 Q_7 控制，2 片寄存器连接成串行输入右移工作模式。Q_7 是转换结束标志，当 $Q_7 = 1$ 时，S_1 为 0，使之成为 $S_1 S_0 = 01$ 的串入右移工作方式；当 $Q_7 = 0$ 时，$S_1 = 1$，有 $S_1 S_0 = 11$，则串行送数结束，标志着串行输入的数据已转换成并行输出了。

下面以串行输入 $d_6 d_5 d_4 d_3 d_2 d_1 d_0 = 1010111$ 为例分析串行/并行转换的具体过程：

转换前，CLR 端加低电平，使 1、2 两片寄存器的内容异步清 0，此时 $S_1 S_0 = 11$，寄存器执行并行输入工作方式，当第 1 个 CP 脉冲到来后，寄存器的输出状态 $Q_0 \sim Q_7$ 为 01111111，与此同时 $S_1 S_0$ 变为 01，转换电路变为执行串入右移工作方式，串行输入数据由第 1 片的 S_R 端分别加入 1010111，当第 2 个 CP 脉冲到来时，$Q_0 \sim Q_7$ 为 10111111，随着 CP 脉冲的依次加入，串行/并行转换过程可列成表 5.7.4 所示。由此可见，右移操作 7 次之后，Q_7 变为 0，$S_1 S_0$ 又变为 11，说明串行输入结束。这时，串行输入的数码已经转换成了并行输出，即当再来一个 CP 脉冲时，电路又重新执行一次并行输入，为第 2 组串行数码转换做好了准备。

表 5.7.4　七位串行/并行转换器状态表

CP	CLR	S_R	Q_0	Q_1	Q_2	Q_3	Q_4	Q_5	Q_6	Q_7	说明
0	0	×	0	0	0	0	0	0	0	0	清零
1	1	×	0	1	1	1	1	1	1	1	送数
2	1	1	1	0	1	1	1	1	1	1	
3	1	1	1	1	0	1	1	1	1	1	
4	1	1	1	1	1	0	1	1	1	1	右移
5	1	0	0	1	1	1	0	1	1	1	操作
6	1	1	1	0	1	1	1	0	1	1	7 次
7	1	0	0	1	0	1	1	1	0	1	
8	1	1	1	0	1	0	1	1	1	0	
9	1	×	0	1	1	1	1	1	1	1	送数

② 并行/串行转换器

并行/串行转换器是指并行输入的数码经转换电路之后,换成串行输出。图 5.7.5 是用 2 片 CC40194(74LS194)组成的七位并行/串行转换电路,它比图 5.7.4 所示的电路多了 2 只与非门 G_1 和 G_2,电路工作方式同样为右移。

第 1 片 74LS194 的输入端 ABCD 接 $d_0 \sim d_3$,其中 d_0 接低电平 0,输出 $Q_A \sim Q_D$ 分别接 $Q_0 \sim Q_3$,第 2 片 74LS194 的输入端 ABCD 接 $d_4 \sim d_7$,输出 $Q_A \sim Q_D$ 分别接 $Q_4 \sim Q_7$,Q_7 为串行输出,G_1 的输出结束标志由 $Q_0 \sim Q_6$ 的信号决定,同时,转换启动信号(负脉冲或低电平)和结束标志信号去控制 S_1,S_0 接高电平 1,串行右移 S_R 为 1。

下面以并行送数 $0d_1d_2d_3d_4d_5d_6d_7 = 01010110$ 为例分析并行/串行转换的具体过程:

转换前,CLR 端加低电平 0,使 1、2 两片寄存器的内容异步清 0,同时转换启动信号 ST 也为低电平,此时 $S_1S_0 = 11$,在第 1 个 CP 脉冲的作用下,寄存器并行送入 01010110 数据,此时,$Q_0Q_1Q_2Q_3Q_4Q_5Q_6Q_7$ 的状态为 01010110,从而使得 G_1 输出为 1,G_2 输出为 0,此时 S_1S_0 变为 01,转换电路随着 CP 脉冲的加入,开始执行右移串行输出,当第 2 个 CP 脉冲到来时,转换启动信号 ST 设置为 1,$Q_0 \sim Q_6$ 的状态为 0101011,串行输出 Q_7 为 1,结束标志为 1;随着 CP 脉冲的依次加入,

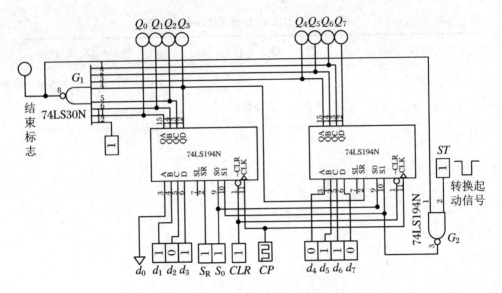

图 5.7.5　七位并行/串行转换器

输出状态依次右移,待右移操作 7 次后,$Q_0 \sim Q_6$ 的状态都为高电平 1,Q_7 为 0,结束标志为 0,与非门 G_1 输出为低电平,G_2 门输出为高电平,$S_1 S_2$ 又变为 11,表示并/串行转换结束,且为第二次并行输入创造了条件。转换过程如表 5.7.5 所示。

表 5.7.5　七位并行/串行转换器状态表

CP	CLR	ST	Q_0	Q_1	Q_2	Q_3	Q_4	Q_5	Q_6	Q_7	串行输出(Q_7)	结束标志	说明
0	0	×	0	0	0	0	0	0	0	0	0	1	清零
1	1	0	0	1	0	1	0	1	1	0	0	1	送数
2	1	1	1	0	1	0	1	0	1	1	1	1	
3	1	1	1	1	0	1	0	1	0	1	1	1	
4	1	1	1	1	1	0	1	0	1	0	0	1	右移
5	1	1	1	1	1	1	0	1	0	1	1	1	操作
6	1	1	1	1	1	1	1	0	1	0	0	1	7 次
7	1	1	1	1	1	1	1	1	0	1	1	1	
8	1	1	1	1	1	1	1	1	1	0	0	0	
9	1	1	0	1	0	1	0	1	1	0	0	1	送数

中规模集成移位寄存器,其位数往往以 4 位居多,当需要的位数多于 4 位时,可把几片移位寄存器用级连的方法来扩展位数。

【实验内容】

1. 测试 74LS194(或 CC40194)的逻辑功能

验证清零、保持、送数、左移和右移 5 种主要功能,如表 5.7.6 所示。

表 5.7.6　74LS194(CC40194)逻辑功能测试表

清除	模式		时钟	串行		输入				输出				功能总结
$\overline{CLR}$	S_1	S_0	CLK	S_L	S_R	A	B	C	D	Q_A	Q_B	Q_C	Q_D	
0	×	×	×	×	×	×	×	×	×					
1	1	1	↑	×	×	a	b	c	d					
1	0	1	↑	×	0	×	×	×	×					
1	0	1	↑	×	1	×	×	×	×					
1	0	1	↑	×	0	×	×	×	×					
1	0	1	↑	×	0	×	×	×	×					
1	1	0	↑	1	×	×	×	×	×					
1	1	0	↑	1	×	×	×	×	×					
1	1	0	↑	1	×	×	×	×	×					
1	1	0	↑	1	×	×	×	×	×					
1	0	0	↑	×	×	×	×	×	×					

2. 环形计数器

采用 74LS194 自拟实验线路,用并行送数法预置寄存器为某二进制数码(如 0100),然后进行右移循环,观察寄存器输出端状态的变化,记入表 5.7.7 中。

表 5.7.7　环形计数器计数状态测试表

CP	Q_A	Q_B	Q_C	Q_D
0	0	1	0	0
1				
2				
3				
4				

3. 实现数据的串、并行转换

（1）串行输入、并行输出

按图 5.7.4 接线，进行右移串入、并出实验，串入数码自定；改接线路用左移方式实现并行输出。自拟表格并记录。

（2）并行输入、串行输出

按图 5.7.5 接线，进行右移并入、串出实验，并入数码自定。再改接线路用左移方式实现串行输出。自拟表格并记录。

4. 设计一个八路循环彩灯控制电路（如 74LS164、74LS194 等）

要求用二极管显示，循环方式可以为 8 个 LED 灯逐个点亮→逐个熄灭或者由中间向两边逐个点亮→由两边向中间逐个熄灭，也可以是自行定义亮灭形式。

设计说明：

方法 1：用 2 片 74LS194 构成 8 位移位寄存器实现。

方法 2：用 1 片 74LS164 位移位寄存器实现。

【预习与实验报告要求】

1. 预习要求

（1）实验目的。

（2）实验器件。

（3）实验预习内容。

① 什么是移位寄存器？

② 环形计数器的设计有什么注意事项，即具有什么特点？

③ 查阅 74X194、74X00、74X164 等器件的逻辑功能,画出其外引脚排列图。

④ 绘制出测试 74LS194 逻辑功能电路图。

⑤ 采用 74LS194 设计一个环形计数器。

⑥ 采用 74LS194 分别设计出左右移串行输入、并行输出的电路图以及左右移并行输入、串行输出的电路。

⑦ 根据设计要求设计一个八路循环彩灯控制电路,要求有设计过程。

2. 实验报告要求

(1) 测试数据及结果分析。

① 列出 74LS194 逻辑功能测试表,记录测试数据,并分析功能。

② 列出环形计数器计数状态测试表,记录测试数据,并分析实验结果。

③ 列出串入并出测试表、并入串出测试表,记录测试数据,并分析实验结果。

④ 列出八路循环彩灯控制测试表,记录测试数据,并分析实验结果。

(2) 实验中存在的问题及解决方法。

(3) 实验收获(知识、能力和素质)。

实验 8　施密特触发器

【实验目的】

(1) 掌握使用门电路构成施密特触发器的方法。

(2) 掌握集成施密特触发器的使用方法。

(3) 掌握使用 555 定时器构成施密特触发器的方法。

【实验仪器、设备与器件】

(1) 数字电子技术实验教学平台。

(2) 双踪示波器、万用表。

(3) 555 定时器、74X00、74X14、74X04 及必要的电阻等器件。

【实验相关知识】

施密特触发器有两个稳定状态,但与一般触发器不同的是,施密特触发器采用电位触发方式,其状态由输入信号电位维持;对于负向递减和正向递增两种不同变化方向的输入信号,施密特触发器有不同的阈值电压。

施密特触发器性能上的两个重要特点:① 输入信号从低电平上升的过程中电路状态转换时对应的输入电平,与从高电平下降过程中对应的输入转换电平不同。② 在电路状态转换时,输出电压波形的边沿十分陡峭(通过电路内部的正反馈过程)。

反向型施密特触发器符号和滞回特性曲线如图 5.8.1 所示。

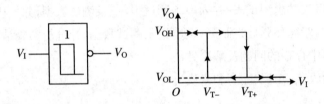

图 5.8.1　施密特触发器符号和滞回特性曲线

由图 5.8.1 可知,该电路实际上是一个具有滞后特性的反相器。图中,V_{T+} 称为正向阈值电平或上限触发电平;V_{T-} 称为负向阈值电平或下限触发电平。它们之间的差值称为回差电压。

1. 使用门电路构成施密特触发器

门电路构成的施密特触发器如图 5.8.2 所示。将两级反相器串接起来,同时通过分压电阻把输出端的电压反馈到输入端,就构成了施密特触发器电路。可以通过调节 R_1、R_2 的比值调节回差大小。但应注意,R_2 必须小于 R_1,否则电路会

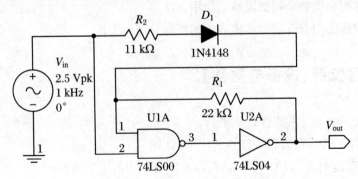

图 5.8.2　门电路构成的施密特触发器

进入自锁状态,无法正常工作。

输入与输出电压间的关系如图 5.8.3 所示。由此可见,施密特触发器可用作波形变换器。

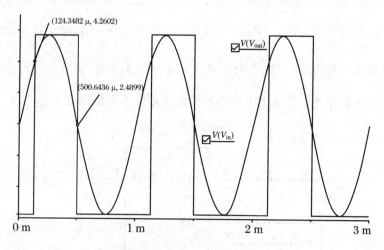

图 5.8.3　施密特触发器输入与输出电压

2. 集成施密特触发器及其应用

施密特触发器是一种优良的波形整形电路,因为只要输入信号电平达到触发电平,输出信号就会从一个稳态转变到另一个稳态,且通过电路内部的正反馈过程可使输出电压的波形变得很陡。因此,在 TTL 和 COMS 电路产品中,都产生了单片集成的施密特触发器器件。

74X14 和 CD40106 为集成的施密特触发器,其中 74HC14 是一款兼容 TTL 器件引脚的高速 CMOS 器件,逻辑功能为 6 路施密特触发反相器,其耗电量低、速度快。可将缓慢变化的输入信号转换成清晰、无抖动的输出信号。按键消抖电路如图 5.8.4 所示。

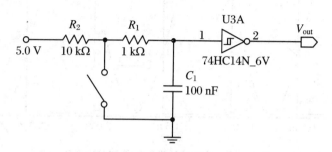

图 5.8.4　按键消抖电路

若进行仿真,按键可用模拟开关替代。

3. 555 定时器构成施密特触发器

如图 5.8.5 所示,无需外围元件,便可由 555 定时器构成施密特触发器,触发端与阈值比较端直接相连。当输入电压从小增大到 $\frac{2}{3}V_{CC}$ 时,输出状态发生翻转,由高电平跳变为低电平;当输入电压从大减小到 $\frac{1}{3}V_{CC}$ 时,输出状态发生翻转,由低电平跳变为高电平。图 5.8.6 为施密特触发器输入与输出电压。

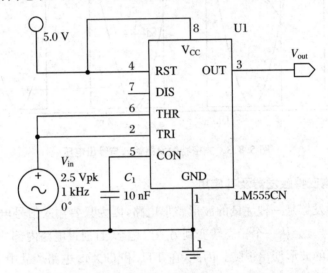

图 5.8.5　555 定时器构成施密特触发器

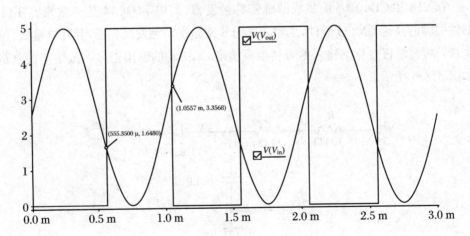

图 5.8.6　施密特触发器输入与输出电压

【实验内容】

（1）使用门电路构成施密特触发器，电阻阻值自行选择，自拟表格记录数据。

（2）使用集成施密特触发器，设计一个按键消抖电路，电阻、电容参数自选，自拟表格记录数据。

（3）使用 555 定时器构成施密特触发器，自拟表格记录数据。

注：实验前应完成虚拟仿真。

【预习与实验报告要求】

1. 预习要求

（1）实验目的。

（2）实验器件。

（3）实验预习内容。

① 描述 555 定时器的工作原理。

② 施密特触发器的性能特点是什么？

③ 查阅 555 定时器器件的逻辑功能，画出其外引脚排列图。

④ 分别用门电路和 555 定时器构成施密特触发器电路，并仿真出电路的输入、输出波形及阈值电压和回差电压。

⑤ 使用集成施密特触发器设计出一个按键消抖电路。

2. 实验报告要求

（1）测试数据及结果分析。

① 测试出用门电路构成的施密特触发器和 555 定时器构成的施密特触发器的输入与输出电压波形。

② 测试出用集成施密特触发器构成的按键消抖电路的输入与输出电压波形。

③ 将仿真出施密特触发器的阈值电压和回差电压与实测值进行比较，分析其误差。

④ 分析总结不同方法构成施密特触发器及施密特触发器的应用。

（2）实验中存在的问题及解决方法。

（3）实验收获（知识、能力和素质）。

实验 9　单稳态触发器

【实验目的】

(1) 掌握使用门电路构成单稳态触发器的方法。

(2) 掌握集成单稳态触发器的使用方法。

(3) 掌握使用 555 定时器构成单稳态触发器的方法。

【实验仪器、设备与器件】

(1) 数字电子技术实验教学平台。

(2) 双踪示波器、万用表。

(3) 555 定时器及必要门电路和电阻电容等器件。

【实验相关知识】

单稳态触发器的工作特性具有如下的显著特点：

(1) 有稳态和暂稳态两个不同的工作状态。

(2) 在外界触发脉冲作用下，能从稳态翻转到暂稳态，暂稳态维持一段时间后，自动返回稳态。

(3) 暂稳态维持时间的长短取决于电路本身的参数，与触发脉冲的宽度和幅度无关。

由于具备这些特点，单稳态触发器被广泛应用于脉冲整形、延时（产生滞后于触发脉冲的输出脉冲）以及定时（产生固定时间宽度的脉冲信号）等多谐振荡器，有多种实现方法。

1. 微分型单稳态触发器

图 5.9.1 为用门电路和 RC 微分电路构成的微分型单稳态触发器。

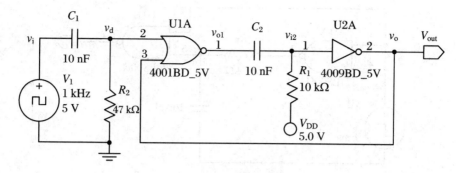

图 5.9.1　微分型单稳态触发器

当触发脉冲加到输入端时,由于电容两端的电压不能突变,所以将引发正反馈过程:

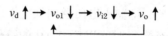

导致输出电压迅速跳变为高电平,进入暂稳态,输回到低电平亦可保持。与此同时,电容 C 开始充电,v_{i2} 逐渐升高,当 $v_i = V_{TH}$ 时,将引发另一个正反馈过程:

$$v_{i2} \uparrow \rightarrow v_o \downarrow \rightarrow v_{o1} \uparrow$$

v_i 回到低电平,v_{o1}、v_{i2} 迅速跳变为高电平,v_o 返回低电平。当输出返回 $v_o = 0$ 时,电容 C_2 通过电阻 R_1 和 U2A 的输入保护电路向 V_{DD} 放电,直至电容上的电压为 0,电路恢复到稳定状态。

微分型单稳态触发器的特点是:一般为窄脉冲触发,且状态转换过程中伴有正反馈。

2. 积分型单稳态触发器

图 5.9.2 是用 TTL 门电路以及 RC 积分电路组成的积分型单稳态触发器。为了保证 U1A 的输出为低电平时 U1B 的下侧输入在阈值电压以下,电阻 R 的阻值不能取得很大。该电路用正脉冲触发。

当输入正脉冲后,U1A 的输出跳变为低电平,但由于电容 C 两端电压不能突变,所以在一段时间内 U1B 的下侧输入电压仍在阈值电压以上,因此,在这段时间里 U1B 的两个输入端电压同时高于门电路的阈值电压,使 U1B 的输出端为低电平,电路进入暂稳态。

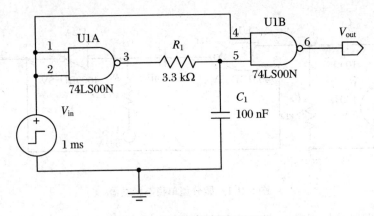

图 5.9.2 积分型单稳态触发器

随着电容 C 的放电，U1B 的下侧输入电压不断下降，当下降至阈值电压后，U1B 的输出电压回到高电平。待输入电压返回低电平以后，U1A 的输出电压重新变成高电平，并向 C 充电，经恢复时间以后，U1B 的下侧输入电压恢复为高电平，电路回到稳态。

积分型单稳态触发器的输入与输出电压波形如图 5.9.3 所示。

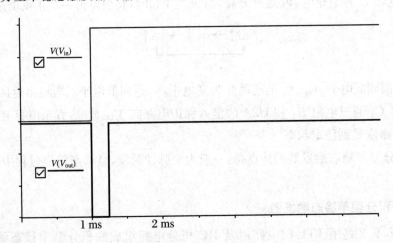

图 5.9.3 积分型单稳态触发器的输入与输出电压波形

使用积分型单稳态触发器时，必须在触发脉冲的宽度大于输出脉冲宽度时方能正常工作。

使用门电路构成单稳态触发器时，暂稳态的时长与门电路的参数有一定关系，故精确获取特定暂稳态时长有诸多不便。

3. 集成单稳态触发器

单稳态触发器被广泛应用于脉冲整形、延时（产生滞后于触发脉冲的输出脉冲)以及定时(产生固定时间宽度的脉冲信号)等,因此,在 TTL 和 COMS 电路产品中,都产生了单片集成的单稳态触发器器件。

由于将元器件集成于同一芯片上,并且在电路上采取了温漂补偿措施,所以电路的温度稳定性比较好,同时使用这些器件只需要外接很少的外接元件和连线,使用极为方便。

集成单稳态触发器可分为非重复触发单稳触发器和可重复触发单稳态触发器。

所谓非重复触发,就是单稳态触发器一旦被触发进入暂稳态后,再加入触发信号不会影响单稳态触发器的工作过程,必须在暂稳态结束之后,才能再接受触发信号转入暂稳态。

74121 为集成的非重复触发的单稳态触发器,其实现的功能如表 5.9.1 所示。

表 5.9.1　74121 功能表

输入			输出	
A_1	A_2	B	V_o	$V_o{}'$
0	×	1	0	1
×	0	1	0	1
×	×	0	0	1
1	1	×	0	1
1	↓	1	⊓	⊔
↓	1	1	⊓	⊔
↓	↓	1	⊓	⊔
0	×	↑	⊓	⊔
×	0	↑	⊓	⊔

使用 74121 构成的电路如图 5.9.4(a)所示,通常,R_{ext} 的取值在 2~30 kΩ 范围,C_{ext} 的取值在 10 pF~10 μF 范围(具体取值会因器件生产商不同而有所不同,可查阅对应数据手册),因此得到的 t_W 范围可达 20 ns~200 ms。此外,无需得到较宽输出脉冲时,还可用 74121 内部设置的电阻 R_{in}(约 2 kΩ)取代外接电阻 R_{ext},以简化外部接线,如图 5.9.4(b)所示。脉冲宽度的计算公式为

$$t_W \approx R_{ext} C_{ext} \ln 2 \approx 0.69 R_{ext} C_{ext}$$

所谓可重复触发单稳态触发器,就是单稳态触发器被触发进入暂稳态后,如果

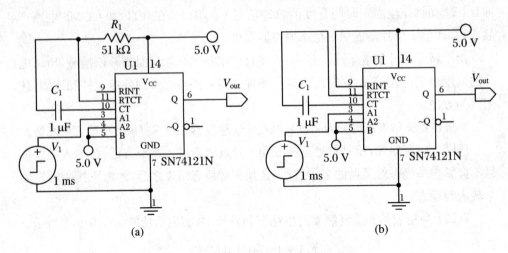

(a)   (b)

图 5.9.4 74121 构成的应用电路

再加入触发脉冲,单稳态触发器将重新被触发,使输出脉冲再继续维持一个脉冲宽度。

74123 为集成的重复触发的单稳态触发器,使用方法与 74121 类似。

4. 555 定时器构成单稳态触发器

如图 5.9.5 所示,由 555 定时器和外接元件 R_1、C_1 构成单稳态触发器,放电端与阈值比较端直接相连。电路有一个稳态、一个暂稳态,当从触发端为低电平时(但低电保持时间应小于暂稳态时长),电容 C_1 充电,电容充电过程即为单稳态触

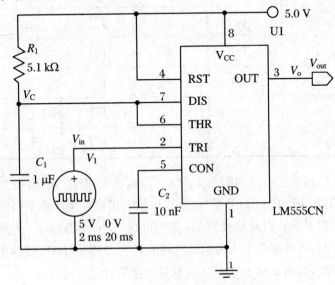

图 5.9.5 555 定时器构成单稳态触发器

发器暂稳态,暂稳态时长为 $1.1R_1C_1$,仿真波形如图 5.9.6 所示。

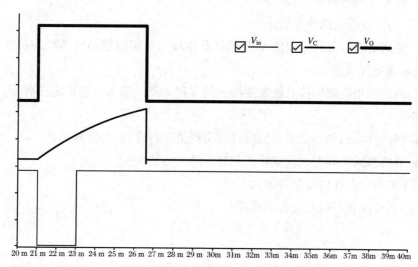

图 5.9.6　仿真波形

【实验内容】

(1) 使用门电路构成单稳态触发器,电阻、电容参数自选,自拟表格记录数据。

(2) 集成单稳态触发器的应用,电阻、电容参数自选,自拟表格记录数据。

(3) 使用 555 定时器构成单稳态触发器,自拟表格记录数据。

注:实验前应完成虚拟仿真。

【预习与实验报告要求】

1. 预习要求

(1) 实验目的。

(2) 实验器件。

(3) 实验预习内容。

① 暂稳态触发器的特点是什么? 主要用途是什么?

② 分别用门电路和 555 定时器构成暂稳态触发器的电路,并仿真出电路的输入、输出波形及暂稳态时长。

③ 利用集成单稳态触发器设计一个应用电路。

2. 实验报告要求

（1）测试数据及结果分析。

① 测试出用门电路构成的单稳态触发器和 555 定时器构成单稳态触发器的输入与输出电压波形。

② 测试出用集成单稳态触发器构成的应用电路的输入与输出电压波形，分析该电路。

③ 将仿真出的稳态触发器的时长与实测值进行比较，分析其误差。

④ 分析总结不同方法构成单稳态触发器的方法。

（2）实验中存在的问题及解决方法。

（3）实验收获（知识、能力和素质）。

实验 10　多谐振荡器

【实验目的】

（1）掌握使用非门构成多谐振荡器的方法。

（2）掌握使用石英晶体构成多谐振荡器的方法。

（3）掌握使用 555 定时器构成多谐振荡器的方法。

【实验仪器、设备与器件】

（1）数字电子技术实验教学平台。

（2）双踪示波器、万用表。

（3）555 定时器及必要门电路和电阻电容等器件。

【实验相关知识】

在同步时序电路中，作为时钟信号的矩形脉冲控制和协调着整个系统的工作。获取矩形脉冲信号的方法一般有两种：一种是利用各种形式的多谐振荡器电路直接产生所需要的矩形脉冲。这种电路在工作时，不需要外加信号源，只需要加上合适的电源电压,就能自动产生脉冲信号。另一种则是通过各种整形电路把已有非矩形脉冲信号或者性能不符合要求的矩形脉冲信号变换为符合要求的矩形脉冲。整形电路本身并不能自行产生脉冲信号,它只能把已有的信号"整理"成符合要求的矩形脉冲。

对矩形脉冲定量描述的主要参数如图 5.10.1 所示。

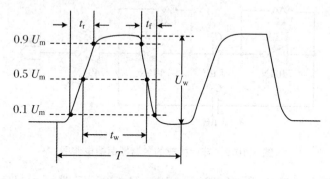

图 5.10.1　矩形脉冲波形图

脉冲周期 T——周期性重复的脉冲序列中,两个相邻脉冲之间的时间间隔,有时也使用频率 $f = \dfrac{1}{T}$ 表示单位时间内脉冲重复的次数;

脉冲幅度 U_w——脉冲电压的最大变化幅度;

脉冲宽度 t_w——从脉冲前沿幅度为 $0.5\,U_m$ 所对应的时刻起,到脉冲后沿幅度为 $0.5\,U_w$ 所对应的时刻为止的时间间隔;

上升时间 t_r——脉冲上升沿从 $0.1U_w$ 上升到 $0.9U_w$ 所需要的时间;

下降时间 t_f——脉冲下降沿从 $0.9U_w$ 下降到 $0.1U_w$ 所需要的时间;

占空比 q——脉冲宽度与脉冲周期的比值,即 $q = \dfrac{t_w}{T}$。

多谐振荡器是一种能产生矩形波的自激振荡器,也称矩形波发生器。"多谐"是指矩形波中除了基波成分外,还含有丰富的高次谐波成分。多谐振荡器没有稳态,只有两个暂稳态。在工作时,电路的状态在这两个暂稳态之间自动地交替变换,由此产生矩形波脉冲信号,常用作脉冲信号源及时序电路中的时钟信号。

多谐振荡器有多种实现方法。

1. 非门构成多谐振荡器

非门作为一个开关倒相器件,可用以构成各种脉冲波形的产生电路。电路的基本工作原理是利用电容器的充放电,当输入电压达到非门的阈值电压时,门的输出状态即发生变化。因此,电路输出的脉冲波形参数直接取决于电路中阻容元件的数值。

图 5.10.2 是由非门构成的多谐振荡器,由于电路完全对称,电容器的充放电时间常数相同,故输出为对称的方波。改变 R 和 C 的值,可以改变输出振荡频率。非门 U1C 用于输出波形整形。

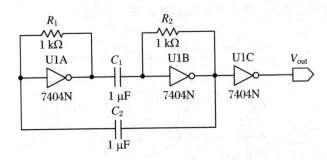

图 5.10.2   非门构成的多谐振荡器电路图

一般取 $R \leqslant 1 \text{ k}\Omega$,当 $R = 1 \text{ k}\Omega$,$C = 100 \text{ pF} \sim 100 \mu\text{F}$ 时,$f = n\text{ Hz} \sim n\text{ MHz}$,脉冲宽度 $t_{w1} \approx t_{w2} \approx 0.7RC$,$T \approx 1.4RC$。

2. 石英晶体构成多谐振荡器

当要求多谐振荡器的工作频率稳定性很高时,常用石英晶体作为信号频率的基准。

在石英晶体上按一定方位切下薄片,将薄片两端抛光并涂上导电的银层,再从银层上连出两个电极并封装起来,这样构成的元件称为石英晶体谐振器,简称石英晶体。石英晶体的外形、结构和图形符号如图 5.10.3 所示。

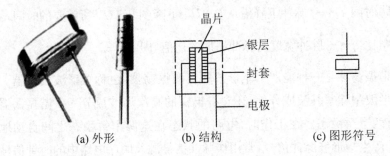

图 5.10.3   石英晶体的外形、结构和图形符号图

图 5.10.4 为常用的晶体稳频多谐振荡器。

图中,U1A 用于振荡,U1B 用于缓冲整形。R_f 是反馈电阻,通常在几十兆欧之间选取,一般选 $22 \text{ M}\Omega$。R_1 起稳定振荡作用,通常取十至几百千欧。

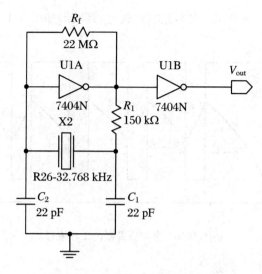

图 5.10.4　晶体稳频多谐振荡器

　　为了方便,常在实际中使用有源晶振构成晶体振荡器,再经分频器获得所需脉冲信号。

3. 555 定时器构成多谐振荡器

　　如图 5.10.5 所示,由 555 定时器和外接元件 R_1、R_2、C 构成多谐振荡器,触发端与阈值比较端直接相连。电路没有稳态,仅存在两个暂稳态,电路亦不需要外加触发信号,利用电源通过 R_1、R_2 向 C 充电,以及 C 通过 R_2 向放电端放电,使电路产生振荡。

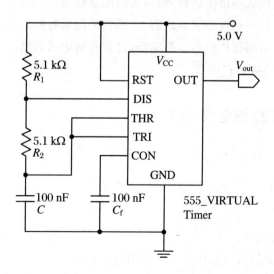

图 5.10.5　555 定时器构成多谐振荡器

电容 C 在 $\frac{1}{3}V_{CC}$ 和 $\frac{2}{3}V_{CC}$ 之间充电和放电,其波形如图 5.10.6 所示。

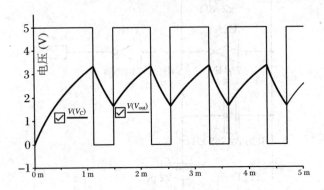

图 5.10.6　多谐振荡器的工作波形

输出信号的时间参数是

$$T = t_{w_1} + t_{w_2}, \quad t_{w_1} = 0.7(R_1 + R_2)C, \quad t_{w_2} = 0.7R_2C$$

555 电路要求 R_1 与 R_2 均应大于或等于 1 kΩ,但 $R_1 + R_2$ 应小于或等于 3.3 MΩ。

外部元件的稳定性决定了多谐振荡器的稳定性,555 定时器配以少量的元件即可获得较高精度的振荡频率和具有较强的功率输出能力。因此这种形式的多谐振荡器应用很广。

【实验内容】

(1) 使用非门构成多谐振荡器,自拟表格记录数据。

(2) 使用石英晶体构成多谐振荡器,自拟表格记录数据。

(3) 使用 555 定时器构成多谐振荡器,自拟表格记录数据。

注:实验前应完成虚拟仿真。

【预习与实验报告要求】

1. 预习要求

(1) 实验目的。

(2) 实验器件。

(3) 实验预习内容。

① 多谐振荡器的特点是什么? 主要用途是什么?

② 分别用门电路、石英晶体和 555 定时器构成多谐振荡器的电路,并仿真出

电路的输出波形及波形的周期和占空比。

2. 实验报告要求

（1）测试数据及结果分析。

① 测试出用门电路、石英晶体和 555 定时器构成多谐振荡器的电路输出电压波形。

② 将仿真出的多谐振荡器的周期和占空比与实测值进行比较，分析其误差。

③ 分析总结不同方法构成多谐振荡器的方法。

（2）实验中存在的问题及解决方法。

（3）实验收获（知识、能力和素质）。

实验 11　随机存取存储器及其应用

【实验目的】

（1）了解集成随机存取存储器的结构及工作原理。

（2）熟悉集成随机存取存储器的工作特性。

（3）掌握集成随机存取存储器的使用方法及应用。

【实验仪器、设备与器件】

（1）+5 V 直流电源。

（2）连续脉冲源。

（3）单次脉冲源。

（4）逻辑电平显示器。

（5）逻辑电平开关（0、1 开关）。

（6）译码显示器或具有以上功能的数字电路实验台。

（7）集成块：2114A、74LS161、74LS148、74LS244、74LS00、74LS04。

【实验相关知识】

1. 随机存取存储器(RAM)

随机存取存储器,又称读写存储器,它能存储数据、指令、中间结果等信息。在存储器中,任何一个存储单元都能以随机次序迅速地存入(写入)信息或取出(读出)信息。随机存取存储器具有记忆功能,但停电(断电)后,所存信息(数据)会消失,不利于数据的长期保存,所以多用于中间过程暂存信息。

(1) RAM 的结构和工作原理

图 5.11.1 是 RAM 的基本结构图,它主要由存储单元矩阵、地址译码器和读/写控制电路三部分组成。

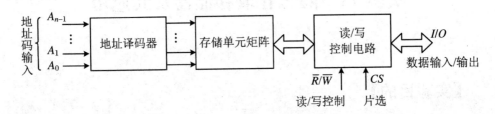

图 5.11.1 RAM 基本结构图

① 存储单元矩阵

存储单元矩阵是 RAM 的主体,一个 RAM 由若干个存储单元组成,每个存储单元可存放 1 位二进制数或 1 位二元代码。为了存取方便,通常将存储单元设计成矩阵形式,所以称为存储矩阵。存储器中的存储单元越多,存储的信息就越多,表示该存储器容量就越大。

② 地址译码器

为了对存储矩阵中的某个存储单元进行读出或写入信息,必须首先对每个存储单元的所在位置(地址)进行编码,然后当输入一个地址码时,就可利用地址译码器找到存储矩阵中相应的一个(或一组)存储单元,以便通过读/写控制,对选中的一个(或一组)单元进行读出或写入信息。

③ 片选与读/写控制电路

由于集成度的限制,大容量的 RAM 往往由若干片 RAM 组成。当需要对某一个(或一组)存储单元进行读出或写入信息时,必须首先通过片选 CS,选中某一片(或几片),然后利用地址译码器才能找到对应的具体存储单元,以便读/写控制信号对该片(或几片)RAM 的对应单元进行读出或写入信息操作。

RAM 的输出常采用三态门作为输出缓冲电路。

MOS 随机存储器有动态 RAM(DRAM)和静态 RAM(SRAM)两类。DRAM 靠存储单元中的电容暂存信息,由于电容上的电荷要泄漏,故需定时充电(通称刷新);SRAM 的存储单元是触发器,记忆时间不受限制,无需刷新。

(2) 静态随机存取存储器

以 2114A 为例,2114A 是一种 1024 字 × 4 位的静态随机存取存储器,采用 HMOS 工艺制作,其逻辑框图如图 5.11.2 所示,引脚排列及逻辑符号如图 5.11.3 所示。引脚功能如表 5.11.1 所示。

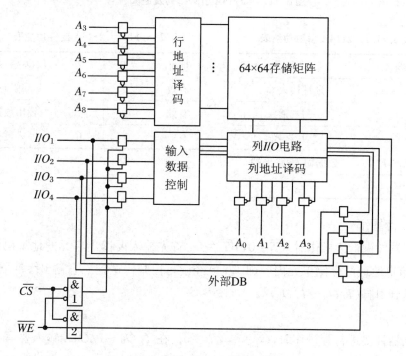

图 5.11.2　2114A 逻辑框图

其中,4096 个存储单元排列成 64 × 64 矩阵。采用两个地址译码器,行译码 $(A_3 \sim A_8)$ 输出 $X_0 \sim X_{63}$,从 64 行中选择指定的一行,列译码 $(A_0 、A_1 、A_2 、A_9)$ 输出 $Y_0 \sim Y_{15}$,再从已选定的一行中选出 4 个存储单元进行读/写操作。$I/O_0 \sim I/O_3$ 既是数据输入端,又是数据输出端,$\overline{CS}$ 为片选信号,$\overline{WE}$ 是写使能,控制器件的读写操作。器件功能如表 5.11.2 所示。

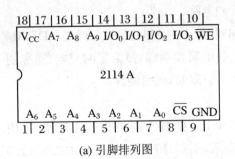
(a) 引脚排列图

(b) 逻辑符号图

图 5.11.3 2114A 引脚排列及逻辑符号

表 5.11.1 2114A 引脚功能表

端名	功能
$A_0 \sim A_9$	地址输入端
$\overline{WE}$	写选通
$\overline{CS}$	芯片选择
$I/O_0 \sim I/O_3$	数据输入/输出端
V_{CC}	+5 V

表 5.11.2 2114A 器件功能表

地址	$\overline{CS}$	$\overline{WE}$	$I/O_0 \sim I/O_3$
有效	1	×	高阻态
有效	0	1	读出数据
有效	0	0	写入数据

① 读操作

当器件进行读操作时,$\overline{CS}=0$,$\overline{WE}=1$。首先输入要读出单元的地址码($A_0 \sim A_9$),给定地址的存储单元内容(4 位)就经读写控制传送到三态输出缓冲器,读出数据送到引脚($I/O_0 \sim I/O_3$)端。

② 写操作

当器件要进行写操作时,$\overline{CS}=0$,$\overline{WE}=0$。在 $I/O_0 \sim I/O_3$ 端输入要写入的数据,在 $A_0 \sim A_9$ 端输入要写入单元的地址码,$\overline{WE}$ 输入一个负脉冲,则能写入信息;同样,当 $\overline{WE}=0$ 时,$\overline{CS}$ 输入一个负脉冲,也能写入信息。因此,在地址码改变期间,$\overline{WE}$ 或 $\overline{CS}$ 必须至少有一个为 1,否则会引起误写入,冲掉原来的内容。为了确保数据能可靠地写入,写脉冲宽度 t_{WP} 必须大于或等于手册所规定的时间区间,当写脉冲结束时,就标志这次写操作结束。

③ 2114A 的特点

a. 采用直接耦合的静态电路,不需要时钟信号驱动,也不需要刷新。

b. 不需要地址建立时间,存取特别简单。

c. 输入、输出同极性,读出是非破坏性的,使用公共的 I/O 端,能直接与系统总线相连接。

d. 使用单电源 + 5 V 供电，输入、输出与 TTL 电路兼容，输出能驱动一个 TTL 门和 $C_L = 100$ pF 的负载（$I_{OL} \approx 2.1 \sim 6$ mA、$I_{OH} \approx -1.4 \sim -1.0$ mA）。

e. 具有独立的选片功能和三态输出。

f. 器件具有高速与低功耗性能。

g. 读/写周期均小于 250 ns。

随机存取存储器种类很多，2114A 是一种常用的静态存储器，是 2114 的改进型。实验中也可以使用其他型号的随机存储器。如 6116 是一种使用较广的 2048×8 的静态随机存取存储器，它的使用方法与 2114A 相似，仅多了一个 $\overline{DE}$ 输出使能端，当 $\overline{DE} = 0$、$\overline{CS} = 0$、$\overline{WE} = 0$ 时，读出存储器内信息；在 $\overline{DE} = 1$、$\overline{CS} = 0$、$\overline{WE} = 0$ 时，则把信息写入存储器。

2. 只读存储器(ROM)

只读存储器，只能进行读出操作，不能写入数据。

只读存储器可分为固定内容只读存储器（ROM）、可编程只读存储器（PROM）和可抹编程只读存储器（EPROM）三大类。可抹编程只读存储器又分为紫外光抹除可编程 EPROM、电可抹编程 EEPROM 和电改写编程 EAPROM 等种类。由于 EEPROM 的改写编程更方便，所以深受用户欢迎。

（1）固定内容只读存储器（ROM）

ROM 的结构与随机存取存储器相类似，主要由地址译码器和存储单元矩阵组成，不同之处是 ROM 没有写入电路。在 ROM 中，地址译码器构成一个与门阵列，存储矩阵构成一个或门阵列。输入地址码与输出之间的关系是固定不变的，出厂前厂家已采用掩模编程的方法将存储矩阵中的内容固定，用户无法更改，所以只要给定一个地址码，就有一个相应的固定数据输出。只读存储器往往还有附加的输入驱动器和输出缓冲电路。

（2）可编程只读存储器（PROM）与可抹编程只读存储（EPRAM）

可编程只读存储器（PROM）只能进行一次编程，一经编程后，其内容就是永久性的，无法更改，用户进行设计时，常常带来很大风险，而可抹编程只读存储器（EPROM）（或称可再编程只读存储器（RPROM）），可多次将存储器的存储内容抹去，再写入新的信息。

EPROM 可多次编程，但每次在编程写入新的内容之前，都必须采用紫外光照射以抹除存储器中原有的信息，给用户带来了一些麻烦。而另一种电可抹编程只读存储器（EEPROM），它的编程和抹除是同时进行的，因此每次编程，就以新的信息代替原来存储的信息。特别是一些 EEPROM 可在工作电压下进行随时改写，该特点可类似随机存取存储器的功能，只是写入时间长些（大约 20 ms）。断电后，写入 EEPROM 中的信息可长期保持不变。这些优点使得 EEPROM 广泛用于设计产品开发,特别是现场实时检测和记录,因此 EEPROM 备受用户的青睐。

3. 静态随机存取存储器的应用

以 2114A 为例实现数据的随机存取及顺序存取。图 5.11.4 为电路原理图,为实验接线方便,又不影响实验效果,2114A 中地址输入端保留前 4 位($A_0 \sim A_3$),其余输入端($A_4 \sim A_9$)均接地。

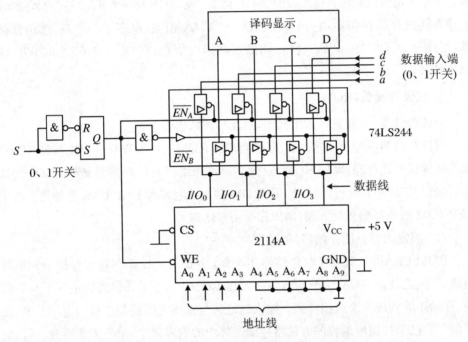

图 5.11.4 2114A 静态随机存取数据电路原理图

(1) 2114A 实现静态随机存取

① 电路组成

电路如图 5.11.4 所示,由三部分组成:

a. 由与非门组成的基本 RS 触发器与反相器,控制电路的读写操作。

b. 由 2114A 组成的静态 RAM。

c. 由 74LS244 三态门缓冲器组成的数据输入、输出缓冲和锁存电路。

② 进行写操作

当电路进行写操作时,输入要写入单元的地址码($A_0 \sim A_3$)或使单元地址处于随机状态;RS 触发器控制端 S 接高电平,触发器置"0",$Q = 0$,$\overline{EN_A} = 0$,打开了输入三态门缓冲器 74LS244,要写入的数据($abcd$)经缓冲器送至 2114A 的输入端

$(I/O_0 \sim I/O_3)$。由于此时 $\overline{CS} = 0$，$\overline{WE} = 0$，因此便将数据写入了 2114A 中，为了确保数据能可靠地写入，写脉冲宽度 t_{WP} 必须大于或等于手册所规定的时间区间。

③ 进行读操作

当电路进行读操作时，输入要读出单元的地址码（保持写操作时的地址码）；RS 触发器控制端 S 接低电平，触发器置"1"，$Q = 1$，$\overline{EN_B} = 0$，打开了输出三态门缓冲器 74LS244。由于此时 $\overline{CS} = 0$，$\overline{WE} = 1$，要读出的数据（$abcd$）便由 2114A 内经缓冲器送至 $ABCD$ 输出，并在译码显示器上显示出来。

注：如果是随机存取，可不必关注 $A_0 \sim A_3$（或 $A_0 \sim A_9$）地址端的状态，$A_0 \sim A_3$（或 $A_0 \sim A_9$）可以是随机的，但在读写操作中要保持一致性。

（2）2114A 实现静态顺序存取

① 电路组成

电路如图 5.11.5 所示，由三部分组成：

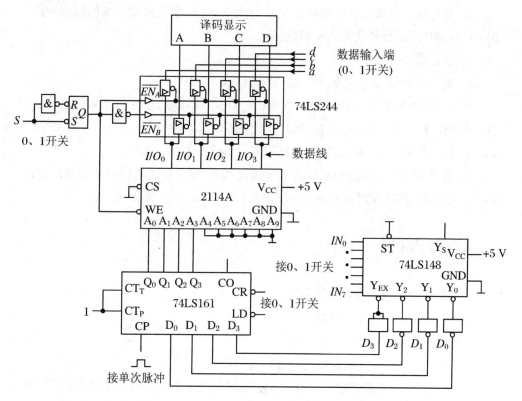

图 5.11.5　2114A 静态顺序存取数据电路原理图

a. 编码器单元：由 74LS148 组成的 8 线-3 线优先编码电路，主要是将 8 位的二进制指令进行编码形成 8421 码；将 8 位（$IN_0 \sim IN_7$）的二进制指令编成 8421 码

（$D_0 \sim D_3$）输出，是以反码的形式出现的，因此输出端加了非门求反。本单元主要为计数器单元提供计数的初值。

b. 计数器单元：由 74LS161 二进制同步加法计数器组成的取址、地址累加等功能，为存储器提供地址。

c. 存储器单元：由基本 RS 触发器、2114A、74LS244 组成的随机存取电路。

② 写入操作

a. 置二进制计数器 74LS161 的 $\overline{CR} = 0$，则该计数器输出清零，清零后置 $\overline{CR} = 1$。

b. 置 $\overline{LD} = 0$，加 CP 单脉冲，通过并行送数法将 $D_0 \sim D_3$ 赋值给 $A_0 \sim A_3$，形成地址初始值，送数完成后置 $\overline{LD} = 1$。

c. 74LS161 为二进制加法计数器，随着每来一个 CP 脉冲，计数器输出将加 1，也即地址码将加 1，逐次输入 CP 脉冲，地址会以此累计形成一组单元地址。

d. 操作随机存取部分电路使之处于写入状态，改变数据输入端的数据，便可按 CP 脉冲所给地址依次写入一组数据。

③ 读出操作

a. 对 74LS161 输出清零，即 $\overline{CR}$，清零后置 $\overline{CR} = 1$。

b. 置 $\overline{LD} = 0$，对 74LS161 输出置数，加 CP 单脉冲，通过并行送数法将 $D_0 \sim D_3$ 赋值给 $A_0 \sim A_3$，形成地址初始值，送数完成后置 $\overline{LD} = 1$。

c. CP 端逐次送入单次脉冲，地址码累计形成一组单元地址。

d. 操作随机存取部分电路使之处于读出状态，便可按 CP 脉冲所给地址依次读出一组数据，并在译码显示器上显示出来。

【实验内容】

1. 用 2114A 实现静态随机存取

按图 5.11.4 连接实验线路。

（1）写入数据

① 输入要写入单元的地址码及要写入的数据。

② 基本 RS 触发器控制端 S 置"1"，使 2114A 处于写入状态，即 $\overline{CS} = 0$，$\overline{WE} = 0$，$\overline{EN_A} = 0$，则数据便写入了 2114A 中，选取三组地址码及三组数据，记入表 5.11.3 中。

（2）读出数据

① 输入要读出单元的地址码。

② 基本 RS 触发器控制端 S 置"0",使 2114A 处于读出状态,即 $\overline{CS}=0$,$\overline{WE}=1$,$\overline{EN_R}=0$,取地址码与写入数据时相同,要读出的数据便由数显显示出来,记入表 5.11.4 中,并与表 5.11.3 数据进行比较。

表 5.11.3　2114 静态随机写入数据记录表

$\overline{WE}$	地址码 $(A_0\sim A_3)$	数据 $(abcd)$	2114A
1			
1			
1			

表 5.11.4　2114 静态随机读出数据记录表

$\overline{WE}$	地址码 $(A_0\sim A_3)$	数据 $(abcd)$	2114A
0			
0			
0			

2. 用 2114A 实现静态顺序存取

按图 5.11.5 连接实验线路。

(1) 顺序写入数据

① 假设 74LS148 的 8 位输入指令中,$IN_1=0$,$IN_0=1$,$IN_2\sim IN_7=1$,经过编码得 $D_0D_1D_2D_3=1000$,这个值送至 74LS161 输入端。

② 给 74LS161 输出清零,清零后用并行送数法,将 $D_0D_1D_2D_3=1000$ 赋值给 $A_0A_1A_2A_3=1000$,作为地址初始值。

③ 在数据输入端输入相应的数据,随后操作随机存取电路使之处于写入状态,至此,数据便写入 2114A 中。

④ 如果相应地输入几个单次脉冲,同时改变数据输入端的数据,则能依次地写入一组数据,记入表 5.11.5 中。

表 5.11.5　2114 静态顺序写入数据记录表

CP 脉冲	地址码($A_0\sim A_3$)	数据($abcd$)	2114A
↑	1000		
↑	0100		
↑	1100		

(2) 顺序读出数据

① 对 74LS161 输出清零。

② 用并行送数法,将原有的 $D_0D_1D_2D_3=1000$ 赋值给 $A_0A_1A_2A_3$,操作随机

存取电路使之处于读状态。

③连续输入几个单次脉冲,则依地址单元读出一组数据,并在译码显示器上显示出来,记入表5.11.6中,并比较写入与读出数据是否一致。

注:地址初始值可自定,不一定从1000开始。

表 5.11.6　2114 静态顺序读出数据记录表

CP 脉冲	地址码($A_0 \sim A_3$)	数据($abcd$)	2114A	显示
↑	1000			
↑	0100			
↑	1100			

【预习与实验报告要求】

1. 预习要求

(1) 复习随机存储器 RAM 和只读储器 ROM 的基本工作原理。

(2) 查阅 2114A、74LS161、74LS148、74LS244、74LS00、74LS04 的相关文献资料,分别画出引脚排列图,熟悉其逻辑功能。

(3) 分别列出实验数据记录表格。

(4) 回答思考题:

① 2114A 有 10 个地址输入端,实验中只改变其中一部分,对于其他不变化的地址输入端应该如何处理?

② 为什么静态 RAM 无需刷新,而动态 RAM 需要定期刷新?

2. 实验报告要求

(1) 记录电路检测结果,并对结果进行分析总结。

(2) 回答思考题:

① 如图 5.11.5 所示,如果 $D_0 D_1 D_2 D_3 = 1010$,则 74LS148 的 8 位输入指令 $IN_0 \sim IN_7$ 分别是多少?

② 总结用 2114A 实现静态顺序写入数据和读出数据的过程。

实验 12　D/A 和 A/D 转换及应用

【实验目的】

（1）了解 D/A 和 A/D 转换器的基本结构。

（2）熟悉 D/A 和 A/D 转换器的基本工作原理。

（3）掌握 D/A 转换集成芯片 DAC0832 的性能及其使用方法。

（4）掌握大规模集成 A/D 转换器的功能及其典型应用。

【实验仪器、设备与器件】

（1）示波器。

（2）函数信号发生器。

（3）数字万用表。

（4）数字电路实验台。

（5）集成块：74LS00、74LS02、74LS86、CC4011。

（6）电阻：200 Ω、510 Ω、5.1 kΩ。

（7）电位器：1 kΩ、10 kΩ。

【实验相关知识】

1. D/A 转换器

（1）D/A 转换器原理

数模（D/A）转换，是把数字量信号转成模拟量信号，且输出电压与输入的数字量成一定比例关系。把数字量转换成模拟量的器件，称为数/模转换器（D/A 转换器，简称 DAC）。

图 5.12.1 为 D/A 转换器的原理图，由恒流源（或恒压源）、模拟开关、数字量代码控制的电阻网络、运算放大器等组成的 4 位 D/A 转换器。

4 个开关 $S_0 \sim S_3$ 由各位代码控制，若"S"代码为 1，则接 V_{REF}；代码"S" = 0，则

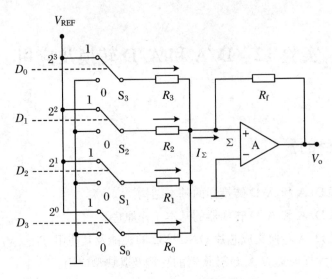

图 5.12.1 4 位 D/A 转换器原理图

接地。

由于运放的输出值为

$$V_0 = - I_\Sigma \cdot R_f$$

而 I_Σ 为 I_0、I_1、I_2、I_3 的代数和。设"S"代码全为 1,则 $I_0 \sim I_3$ 的值分别为

$$I_0 = \frac{V_{REF}}{R_0}, \quad I_1 = \frac{V_{REF}}{R_1}, \quad I_2 = \frac{V_{REF}}{R_2}, \quad I_3 = \frac{V_{REF}}{R_3}$$

若选 $R_0 = \dfrac{R}{2^0}, R_1 = \dfrac{R}{2^1}, R_2 = \dfrac{R}{2^2}, R_3 = \dfrac{R}{2^3}$,

则

$$I_0 = \frac{V_{REF}}{R_0} = \frac{V_{REF}}{\dfrac{R}{2^0}} = \frac{V_{REF}}{R} \cdot 2^0, \quad I_1 = \frac{V_{REF}}{R_1} = \frac{V_{REF}}{R} \cdot 2^1$$

$$I_2 = \frac{V_{REF}}{R_2} = \frac{V_{REF}}{R} \cdot 2^2, \quad I_3 = \frac{V_{REF}}{R_3} = \frac{V_{REF}}{R} \cdot 2^3$$

若开关 $S_0 \sim S_3$ 不全为 1,则"S"代码有些为 0,有些为 1(设 4 位"S"代码为 $D_3 D_2 D_1 D_0$),则

$$I_\Sigma = D_3 I_3 + D_2 I_2 + D_1 I_1 + D_0 I_0$$

$$= \frac{V_{REF}}{R} \cdot (D_3 2^3 + D_2 2^2 + D_1 2^1 + D_0 2^0)$$

$$= \frac{V_{REF}}{R} \cdot B$$

$$V_0 = -R_f \cdot I_\Sigma = -R_f \cdot \frac{V_{REF}}{R} \cdot B$$

式中,B 为二进制数。

如 R_f、V_{REF}、R 为常数,即模拟电压输出正比于输入数字量 B,从而实现了数字量的转换。

随着集成技术的发展,中大规模的 D/A 转换集成电路相继出现,将转换的电阻网络和受数码控制的电子开关都集在同一芯片上,所以使用很方便。目前,常用的芯片型号很多,有 8 位、12 位、16 位的转换器等。这里,选用 8 位 D/A 转换器 DAC0832 进行实验研究。

（2）D/A 转换器 DAC0832

DAC0832 是采用 CMOS 工艺制成的单片电流输出型 8 位数/模转换器。图 5.12.2(a) 和图 5.12.2(b) 分别是 DAC0832 的逻辑框图及引脚排列图。

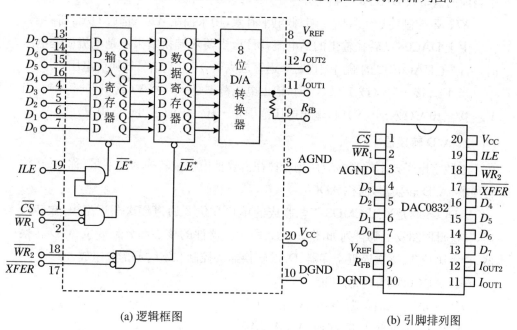

(a) 逻辑框图　　　　　　　　　　　　　(b) 引脚排列图

图 5.12.2　DAC0832 逻辑框图及引脚排列图

各引脚功能如下:

$D_0 \sim D_7$:8 位数字量输入端,D_0 为最低位,D_7 为最高位。

I_{o1}:模拟电流输出 1 端,当 DAC 寄存器为 1 时,I_{o1} 最大;全 0 时,I_{o1} 最小。

I_{o2}:模拟电流输出 2 端,一般接地。

$$I_{o1} + I_{o2} = \frac{V_{REF}}{R} = 常数$$

R_f:外接运放提供的反馈电阻引出端。

V_{REF}:基准电压参考端,其电压范围为 $-10\sim+10\ V$。

V_{CC}:电源电压,一般为 $+5\sim+15\ V$。

DGND:数字电路接地端。

AGND:模拟电路接地端,通常与 DGND 相连。

$\overline{CS}$:片选信号,低电平有效。

ILE:输入锁存使能端,高电平有效。它与 $\overline{WR_1}$、$\overline{CS}$ 信号共同控制输入寄存器选通。

$\overline{WR_1}$:写信号1,低电平有效。当 $\overline{CS}=0$,$ILE=1$ 时,$\overline{WR_1}$ 此时才能把数据总线上的数据输入寄存器中。

$\overline{WR_2}$:写信号2,低电平有效。与 $\overline{XFER}$ 配合,当二者均为 0 时,将输入寄存器中当前的值写入 DAC 寄存器中。

$\overline{XFER}$:控制传送信号输入端,低电平有效,用来控制 $\overline{WR_2}$,选通 DAC 寄存器。

由于 DAC0832 转换输出的是电流,所以,当要求转换结果不是电流而是电压时,可以在 DAC0832 的输出端接一个运算放大器,将电流信号转换成电压信号。

当 V_{REF} 接 $+5\ V$(或 $1\sim5\ V$)时,输出电压范围是 $-5\sim0\ V$(或 $0\sim+5\ V$)。当 V_{REF} 接 $+10\ V$(或 $-10\ V$)时,输出电压范围是 $-10\sim0\ V$(或 $0\sim+10\ V$)。

2. A/D 转换器

在数字电子技术的很多应用场合往往需要把模拟量转换为数字量,称为模/数转换器(A/D 转换器,简称 ADC)。

ADC0809 是采用 CMOS 工艺制成的单片 8 位 8 通道逐次渐近型模/数转换器,其逻辑框图及引脚排列如图 5.12.3 所示。器件的核心部分是 8 位 A/D 转换器,它由比较器、逐次逼近寄存器、D/A 转换器及控制和定时五部分组成。

(1) ADC0809 的引脚功能

$IN_0\sim IN_7$:8 路模拟信号输入端。

A、B、C:地址输入端,对应 A_0、A_1、A_2。

ALE:地址锁存允许输入信号,在此脚施加正脉冲,上升沿有效,此时锁存地址码,从而选通相应的模拟信号通道,以便进行 A/D 转换。

$START$:启动信号输入端,应在此脚施加正脉冲,当上升沿到达时,内部逐次逼近寄存器复位,在下降沿到达后,开始 A/D 转换过程。

EOC:转换结束输出信号(转换结束标志),高电平有效。

OE:输入允许信号,高电平有效。

$CLOCK(CP)$:时钟信号输入端,外接时钟频率一般为 640 kHz。

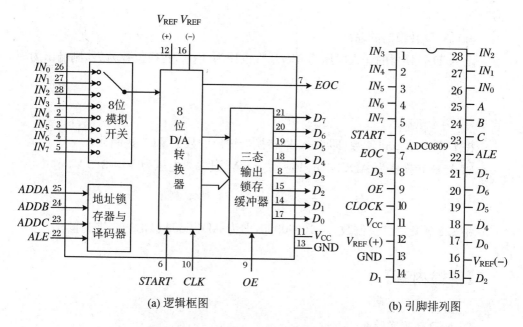

(a) 逻辑框图　　　　　　　　　　(b) 引脚排列图

图 5.12.3　ADC0809 逻辑框图及引脚排列图

V_{CC}：+5 V 单电源供电。

$V_{REF}(+)$、$V_{REF}(-)$：基准电压的正极、负极。一般 $V_{REF}(+)$ 接 +5 V 电源，$V_{REF}(-)$ 接地。

$D_7 \sim D_0$：数字信号输出端。

（2）模拟量输入通道选择

8 路模拟开关由 A_2、A_1、A_0 三个地址输入端选通 8 路模拟信号中的任一路进行 A/D 转换，地址译码与模拟输入通道的选通关系如表 5.12.1 所示。即 $A_2 A_1 A_0$ 为 000 时，输入模拟信号通道 IN_0 接通；为 001 时，输入模拟信号通道 IN_1 接通，以此类推。

表 5.12.1　地址译码与模拟输入通道的选通关系

被选模拟通道		IN_0	IN_1	IN_2	IN_3	IN_4	IN_5	IN_6	IN_7
地址	A_2	0	0	0	0	1	1	1	1
	A_1	0	0	1	1	0	0	1	1
	A_0	0	1	0	1	0	1	0	1

（3）D/A 转换过程

在启动端（$START$）加启动脉冲（正脉冲），D/A 转换即开始，转换结束时 EOC

为"1"。

(4) A/D 转换器的输出

设 A/D 转换器的输入电压为 V_i，基准电压为 V_{REF}，转换位数为 N，则输出为

$$D = \frac{V_i}{V_{REF}} \times 2^N$$

式中，D 为十进制数。

将 D 转化为二进制数，即为 A/D 转换器输出的数字量（二进制数）。

如 A/D 转换器为 ADC0809，$V_{REF} = +5\ V$，设输入电压为 $V_i = 3.5\ V$，则

$$D = \frac{V_i}{V_{REF}} \times 2^N = \frac{2.5}{5} \times 2^8 = 128$$

将 128 转化为二进制数，为 10000000，即为 ADC0809 输出的二进制量。

【实验内容】

1. A/D 转换实验

A/D 转换实验按图 5.12.4 接线（图中左侧部分）。

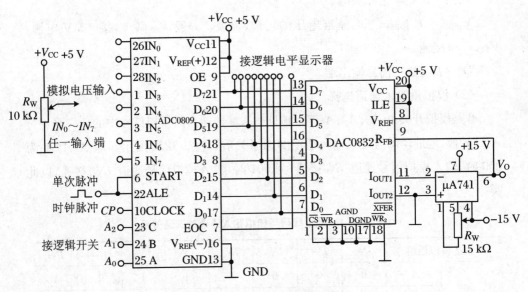

图 5.12.4 A/D 和 D/A 转换实验电路

(1) 8 路输入模拟信号 $IN_0 \sim IN_7$，可由两种方法产生：一是直接将 +5 V 电源通过电阻分压器得到，如图 5.12.5(a)所示；二是将 +5 V 电源通过电位器 R_w 调节得到，如图 5.12.5(b)所示。

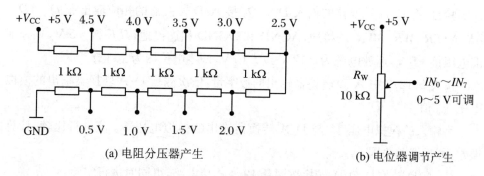

(a) 电阻分压器产生　　　　　　　(b) 电位器调节产生

图 5.12.5　输入模拟信号产生电路

（2）A/D 转换结果 $D_0 \sim D_7$ 接逻辑电平显示器输入插口,显示转换输出的数字量,发光二极管亮,结果为"1",发光二极管不亮,结果为"0"。

（3）CP 时钟脉冲由脉冲源(或信号发生器)提供,取 $f = 100$ kHz。

（4）地址输入端选通信号 $A_0 \sim A_2$ 接逻辑开关输出插口,逻辑开关置上为"1",置下为"0"。

（5）接通电源后,在启动端(START)加一正单次脉冲,下降沿一到即开始 A/D转换。

（6）按表 5.12.2 的要求(表中 A/D 转换器部分),记录从 $IN_0 \sim IN_7$ 输入的 8路模拟信号的转换结果。

表 5.12.2　A/D 和 D/A 转换器实验测试数据表

被选模拟通道	输入模拟电压	地址	A/D 转换器								D/A 转换器	误差
			输出数字量(D)								输出电压	
IN	V_i(V)	$A_2 A_1 A_0$	D_7	D_6	D_5	D_4	D_3	D_2	D_1	D_0	V_o(V)	$\Delta V = \lvert V_o \rvert - \lvert V_i \rvert$
IN_0	4.5	000										
IN_1	4.0	001										
IN_2	3.5	010										
IN_3	3.0	011										
IN_4	2.5	100										
IN_5	2.0	101										
IN_6	1.5	110										
IN_7	1.0	111										

2. D/A 转换器实验

D/A 转换实验按图 5.12.4 接线(图中右侧部分)。把 DAC0832、uA741 等插入实验台,将 D/A 转换器的输入 $D_7 \sim D_0$ 接 A/D 转换器的相应输出端 $D_7 \sim D_0$, $\overline{CS}$、$\overline{XFER}$、$\overline{WR_1}$、$\overline{WR_2}$ 均接地,AGND 和 DGND 相连接地,ILE 接 +5 V,V_{REF} 基准电压接 +5 V,运放电源为 ±12 V 或 ±15 V,调零电位器为 10 kΩ。

按表 5.12.2 中 A/D 转换器输出的数字量,依次测量 D/A 转换器输出的模拟电压 V_o 值。

将输入的模拟电压 V_i 与 D/A 转换器输出的模拟电压 V_o 值进行比较,计算误差,分析误差原因。

注:A/D 转换与 D/A 转换按图 5.12.4 连接电路,可同时进行实验。

3. 阶梯波信号发生器

使用 4 位同步二进制计数器 74LS161(或 CC40161)、数模转换器 DAC0832、2 输入与非门 74LS00(或 CC4011)、运算放大器 uA741(或 OP07)设计一个能产生如图 5.12.6 所示的 10 级阶梯波形发生器。

将 74LS161 设计为十进制计数器,输出端 Q_3、Q_2、Q_1、Q_0 由高到低,对应接到 DAC0832 数字输入端的高 4 位 D_7、D_6、D_5、D_4,低 4 位输入端 D_3、D_2、D_1、D_0 接地,即可构成 10 级阶梯波形发生器。

设计和连接阶梯波信号发生器,CP 选取 1 kHz 方波,在示波器上观察和记录 CP 和 DAC0832 输出的模拟电压波形 v_o。

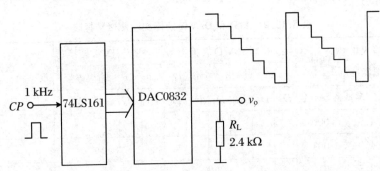

图 5.12.6　阶梯波形产生器原理图

【预习与实验报告要求】

1. 预习要求

(1) 复习 A/D 和 D/A 转换的工作原理。

(2) 画出 ADC0809、DAC0832 和 uA741 的外引线排列图,熟悉其引脚功能和使用方法。

（3）画出 A/D 和 D/A 转换的完整实验电路图，设计好阶梯波信号发生器的实验电路图。

（4）列出所需的实验记录表格，拟定各个实验内容的具体实验方案。

2．实验报告要求

（1）明确实验目的。

（2）列出实验仪器与元器件。

（3）整理实验数据，分析实验结果。

（4）给出实验总结。

第6章　实训案例项目

实训1　数字钟的设计

1. 引言

数字钟是一种以数字电子技术实现时、分、秒计时的电子装置。与机械式时钟相比,数字钟具有更高的精确性和直观性,已成为人们日常生活中不可缺少的生活必需品,广泛地应用于家庭以及车站、码头、剧场、办公室等公共场所,给人们的生活、学习、工作、娱乐带来极大的方便。

2. 设计任务及要求

(1) 设计任务

利用数字电子技术的知识,采用中规模集成器件设计一个数字时钟。

(2) 设计要求

① 基本功能

a. 能显示 24 小时制的时、分、秒(23 小时 59 分 59 秒)。

b. 具有校时功能,可以分别对时和分进行单独校准,使其校正到标准时间。

② 拓展功能

a. 设计一个分频器,将 555 多谐振荡器产生的 1 kHz 的时钟脉冲降频到 1 Hz。

b. 整点报时电路。

3. 系统设计

(1) 系统原理框图的设计

根据设计要求,系统主要由周期脉冲信号发生器、计时电路、译码电路、显示电路和校时电路构成。系统原理框图如图 6.1.1 所示,周期脉冲信号发生器产生系统秒信号和校时时钟信号;计时电路完成计数功能,采用两个六十进制计数器分别完成秒分计时和二十四进制计数器完成时计时;译码显示电路将计时电路的输出译码后送七段数码管显示;校时电路采用开关控制时、分、秒计时器的时钟信号为校时脉冲以完成校时。

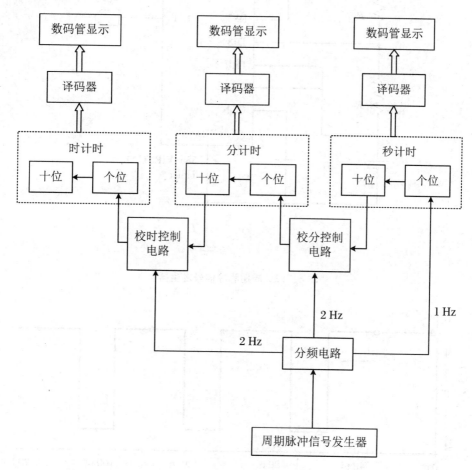

图 6.1.1 数字钟系统原理框图

(2) 单元电路的设计

① 周期脉冲信号发生器

周期脉冲信号发生器可由 555 定时器或晶体振荡器产生,如图 6.1.2 所示为 555 定时器产生的脉冲信号,电路由一个 555 芯片、两个电阻和两个电容组成,通过电阻给电容 C 充电、放电的过程来产生振荡,从而输出矩形脉冲,其中,$T = 0.7(R_1 + 2R_2)C$,设计中根据需要选择 R_1、R_2 和 C 值。如图 6.1.3 所示波形为 $R_1 = R_2 = 24\ \text{k}\Omega$、$C = 1\ \mu\text{F}$ 取值时的 20 Hz 周期脉冲信号。

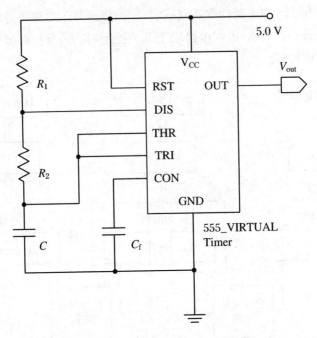

图 6.1.2 周期脉冲信号发生器

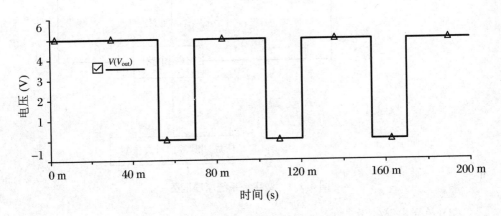

图 6.1.3 20 Hz 脉冲信号仿真波形

② 分频电路的设计

信号发生器产生的信号为非秒信号时,需要对输出的信号进行分频,得到校时、校分和秒信号,分频次数由信号发生器产生的信号决定。主要采用计数器(如74160、74161、74162、74290 等)进行分频设计,图 6.1.4 所示电路是利用 74LS160将 20 Hz 的信号进行十分频得到 2 Hz 的信号。图 6.1.5 所示仿真波形为 20 Hz的输入信号经过十分频后得到 OUT1 输出的 2 Hz 信号,再进行二分频得到 OUT2输出的 1 Hz 信号。

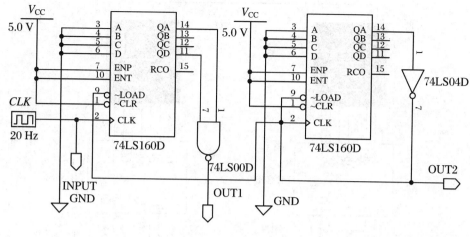

图 6.1.4　分频电路

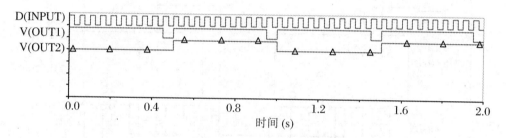

图 6.1.5　20 Hz 的波形分为 2 Hz 和 1 Hz 的波形

③ 分秒计时电路的设计

数字钟的分秒采用的是六十进制。主要利用计数器进行计数设计,可以是同步计数,也可以是异步计数。计数器输出的信号经译码器在七段数码管上进行显示。图 6.1.6 所示电路是利用两片 74LS160 计数器进行设计的六十进制计数器,个位是十进制,十位是六进制,经 74SL48 进行译码显示,计数器低位片的进位输出 CO 作为高位片 ENT 和 ENP 的输入,即低位片的 ENT 和 ENP 接高电平,开始处于计数工作状态,每当低位片计到 1001 时 CO 输出 1,同时使高位片的 ENT 和 ENP 为 1,计一次数,接下来低位片又将 0000 置数信号输入开始计数,下一个 CP 信号到达时高位片又计一次数,直到十位计到 5(0101),个位计到 9(1001),再等待一个时钟信号的到来,计数器又从 00 开始进行新一轮计数。

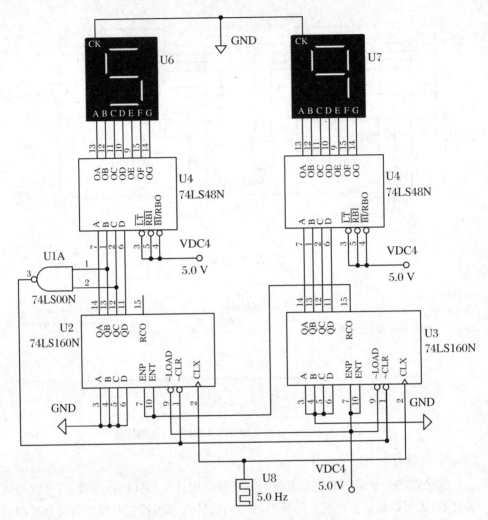

图 6.1.6　六十进制加法计数器电路原理图

④ 时计时电路的设计

数字钟的时采用的是二十四进制,其设计思路与分秒电路的一样。图 6.1.7 所示电路是利用两片 74LS160 计数器进行设计的二十四进制计数器,当个位计数到 3,同时十位计数到 2 时,在下一个脉冲到来时计数器清零,重新计数。

⑤ 校时、校分控制电路的设计

校时、校分电路采用开关控制时、分计数器的时钟信号完成校时、校分,校时与校分的控制电路相同。如图 6.1.8 所示为校时、校分控制电路。当开关 S 断开时,电路进行正常计时工作;当开关 S 闭合时,将进行自动校分校时。当然也可以手动校准时间,但需要不断地闭合、断开开关,每次只改变一个数。

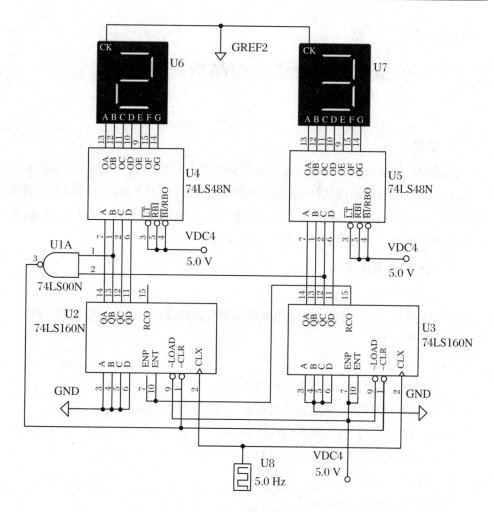

图 6.1.7　二十四进制加法计数器

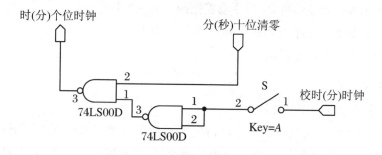

图 6.1.8　校时、校分控制电路

（3）整机电路的设计

数字钟整机电路原理图的仿真源文件见封底二维码。

实训 2　交通灯控制系统的设计

1. 引言

随着中国经济的快速发展以及人民生活水平的不断改善和提高,开私家车上下班的人数在不断增加,而城市里的道路资源有限,导致上下班高峰期及节假日出游出现交通拥堵问题。为解决此问题,合理设置交通路口的交通信号灯控制系统,指挥各种车辆和行人安全通行显得尤其重要。

2. 设计任务及要求

(1) 设计任务

利用数字电子技术的知识,采用中规模集成器件设计一个交通灯控制电路。

(2) 设计要求

① 基本功能

a. 东西方向绿灯亮,南北方向红灯亮。

b. 东西方向黄灯亮,南北方向红灯亮。

c. 东西方向红灯亮,南北方向绿灯亮。

d. 东西方向红灯亮,南北方向黄灯亮。

e. 绿灯 30 s,黄灯 3 s。

f. 具有倒计时间的显示。

② 拓展功能

a. 如果发生紧急事件,可以手动控制四个方向红灯全亮。

b. 可根据车流量手动调整某方向的通行时间。

c. 时钟由 555 电路提供。

3. 系统设计

(1) 系统原理框图的设计

根据设计要求,交通灯的十字路口的平面位置示意图如图 6.2.1 所示。系统原理框图如图 6.2.2 所示,主要由秒脉冲发生器、可预置递减计数器、译码显示、状态控制、译码电路和信号灯显示组成。秒脉冲发生器为倒计时减法计数器提供时钟信号;可预置递减计数器可根据题目的要求实现红黄绿倒计时的计数;译码显示电路将倒计时的输出译码后送七段数码管显示;状态控制及译码电路按照绿灯信号代表准许车辆通行、红灯信号代表禁止车辆通行、黄灯则提示车辆通行时间已经结束的原则,将东西、南北方向的红绿黄灯进行组合设定相应的状态,并对各状态进行译码输出;信号灯显示为十字路口的红黄绿。

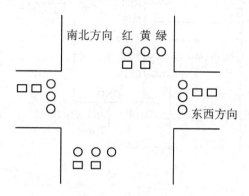

图 6.2.1　十字路口的平面位置示意图

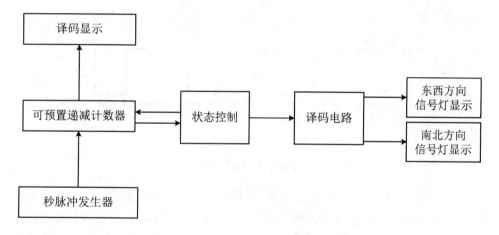

图 6.2.2　交通灯控制系统原理框图

(2) 单元电路的设计

① 秒脉冲发生器

可以直接采用实训案例 1 中设计的任意周期脉冲信号发生器,通过分频实现 1 Hz 周期脉冲信号,也可将 555 定时器构成的秒脉冲发生器中的 $R_1 = R_2 = 51$ kΩ、$C = 10\ \mu$F,得到 1 Hz 周期脉冲信号,其电路如图 6.2.3 所示,仿真波形如图 6.2.4 所示。

② 可预置递减计数及译码显示电路的设计

系统需要实现红绿灯时间为 30 s,黄灯时间为 3 s。本设计采用 2 片十进制计数器 74192 芯片构成倒计时,然后通过主控制电路实现转换,最终各个方向的倒计

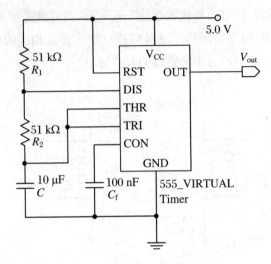

图 6.2.3　秒脉冲发生器原理图

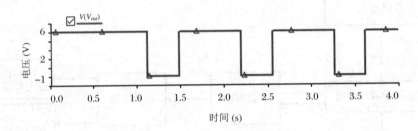

图 6.2.4　仿真波形

时共用一套译码显示数码管显示出来。74LS192 构成的路原理图如图 6.2.5 所示，左边的一片 74192 芯片为计数器的个位，右边的一片 74192 芯片为计数器的十位，个位和十位计数器通过译码器 7448 分别接上七段共阴数码管，其中作为个位数的 74192 芯片的减计数时钟输入端 DOWN 接 1 Hz 时钟脉冲。红绿灯时间的 30 s 和黄灯时间的 3 s 分别由控制电路中的 $Y_0 Y_2$ 和 $Y_1 Y_3$ 来决定，当倒计时为 00 时，将给控制电路提供一个时钟信号，进行下一轮的倒计时。

③ 状态控制电路的设计

状态控制电路主要是根据十字路口的需求提供通行状态。本项目实现需执行四个状态，分别要控制东西方向、南北方向红绿黄灯的亮与灭，即 Y_0、Y_1、Y_2、Y_3，设亮灯为 1，灭灯为 0，状态控制如表 6.2.1 所示，具体工作流程如下：

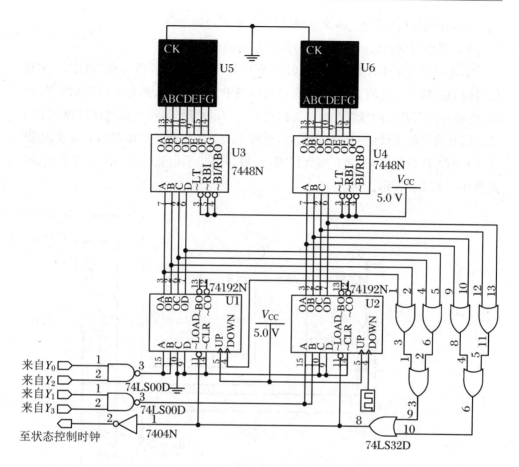

图 6.2.5　红绿黄灯倒计时电路原理图

表 6.2.1　状态控制

四进制计数器		东西方向			南北方向		
Q_A	Q_B	红	黄	绿	红	黄	绿
0	0	0	0	1	1	0	0
0	1	0	1	0	1	0	0
1	0	1	0	0	0	0	1
1	1	0	1	0	0	1	0

Y_0：东西方向绿灯亮，南北方向红灯亮，显示时间 30 s。

Y_1：东西方向黄灯亮，南北方向红灯亮，显示时间 3 s。

Y_2:东西方向红灯亮,南北方向绿灯亮,显示时间 30 s。

Y_3:东西方向红灯亮,南北方向黄灯亮,显示时间 3 s。

本项目通过集成计数器 74LS161 实现四种状态的变化,译码器 74LS138 实现信号灯的控制。系统刚上电时,状态译码电路中 74161 输出都为 0,74138 的 Y_0 有效,电路实现东西方向绿灯亮南北方向红灯亮,计数译码显示电路倒计时 30 s;30 s 结束后将会给状态译码一个时钟信号,此时 74161 加 1,使 74138 的 Y_1 有效,电路实现东西方向黄灯亮,南北方向红灯亮,计数译码显示电路倒计时 3 s,以此类推,电路如图 6.2.6 所示。

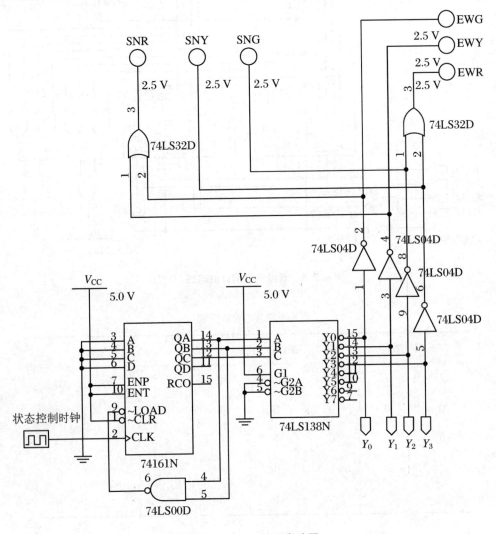

图 6.2.6　状态控制电路图

（3）整机电路的设计

交通灯控制系统整机电路原理图的仿真源文件见封底二维码。

实训 3　病房呼叫系统的设计

1. 引言

病房呼叫系统是病人请求值班医生或护士进行诊断或护理的紧急呼叫工具，病人在不舒服时，通过它快速将求助请求传递给医生和护士，可以得到及时的护理、救治，是提高医院和病房护理水平的必备设备之一。呼叫系统的优劣直接关系到病员的安危，历来受到各大医院普遍重视。它要求及时、准确、可靠、简便易行、便于推广。

2. 设计任务及要求

（1）设计任务

利用数字电子技术的知识，设计一个 6 病房的呼叫系统。

（2）设计要求

① 基本功能

a. 呼叫功能：每个病室都装有一个呼叫按钮，当病室有需要时，可以通过呼叫按钮进行呼叫。

b. 显示功能：在护士值班室内有相应的显示电路，可以看到是哪个病室在呼叫及相应病房门口 LED 指示灯亮起并闪烁，蜂鸣器响起，同时具有 20 s 倒计时。

c. 优先权：病室呼叫具有优先权，其中 1 号病室优先权最高，2 号病室其次，以此类推。

② 拓展功能

a. 时钟由 555 电路提供。

b. 呼叫时可响起音乐。

3. 系统设计

（1）系统原理框图的设计

根据设计要求，病房呼叫系统原理框图如图 6.3.1 所示，主要有呼叫输入模块、病房 LED 指示模块、优先选择病房号呼叫模块、倒计时模块、报警模块。呼叫输入模块主要是完成病人开关控制呼叫；病房 LED 指标模块是护士站处显示呼叫病房的提示灯;优先选择病房号呼叫模块实现有多病房同时呼叫时,显示优先级高的病房号;倒计时模块实现有病房呼叫时倒计时显示;报警模块当有病房呼叫时发出报警声。

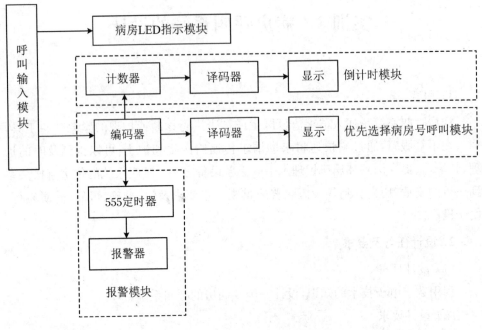

图 6.3.1　病房呼叫系统原理框图

(2) 单元电路的设计

① 呼叫输入模块

本案例可实现 6 个病房的呼叫,通过 6 个开关控制病房的输入,每个开关通过一个上拉电阻接高电平,分别安装在各病房,平时没有病房呼叫时,输出为高电平,当有病房呼叫时,输出为低电平。同时在输出前接入 LED 发光二极管,当有病房呼叫时,二极管显示,提示护士,其电路如图 6.3.2 所示,图 6.3.3 为 6 号病房呼叫时的仿真结果,LED6 被点亮。

② 优先选择病房号呼叫模块

该模块由此 74LS148 优先编码、74LS48 译码器和七段显示器所构成,如图 6.3.4 所示,电路中 D_0 和 D_7 为高电平,优先级最高的是 1 号病房,当 1 号病房呼叫时,$A_2A_1A_0$ 输出为 001,即 A_6 有效,EO 为高电平,所以 74LS48 的输入 CBA 为 001,译码显示为 1,此时,其他病房有呼叫,只是提示指示灯亮,病房号将保持不变。

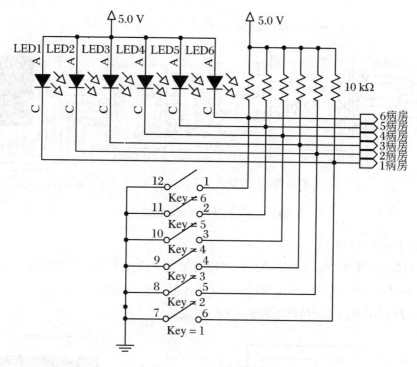

图 6.3.2　病房输入与指示原理图

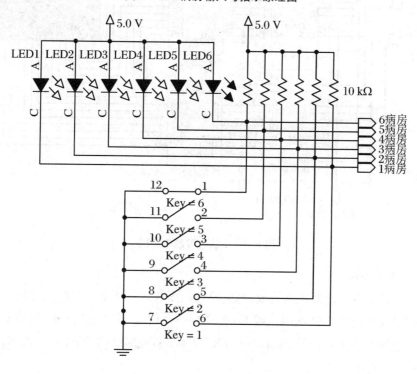

图 6.3.3　6 号病房呼叫

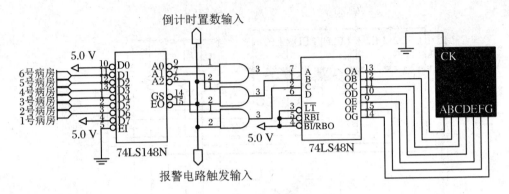

图 6.3.4 病房呼叫模块原理图

③ 倒计时模块

该模块可实现 20 s 的倒计时,电路原理如图 6.3.5 所示。74192N(1)为低位片,74192N(2)为高位片,病房有呼叫时,倒计时置数端为高电平,74192N 平时倒计数时$\overline{BO}$为高电平,低位的时钟由 CLK 决定。

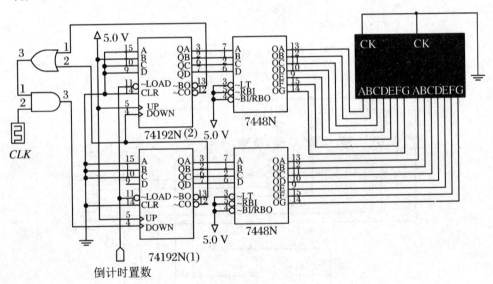

图 6.3.5 状态控制电路图

④ 报警模块

该模块由 555 定时电路构成,电路原理如图 6.3.6 所示。当病人呼叫时,由病人呼叫模块中的 74LS148 输出端 E0 处产生一个信号,作为报警电路的触发信号,使 555 电路产生定时信号,即 $t_w = 1.1R \times C \approx 5$ s,此时蜂鸣器发出 5 s 的响声。

(3) 整机电路的设计

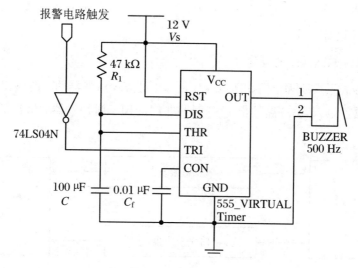

图 6.3.6　报警电路

病房呼叫系统整机电路原理图的仿真源文件见封底二维码。

实训 4　数字秒表的设计

1. 引言

时间与人们的生活息息相关,不管你喜不喜欢,不管你是否在意,它都不会停下脚步。数字秒表让人们感觉到时间的流逝,提醒人们要珍惜每一分、每一秒。在日常生活中,数字秒表应用也十分广泛。

2. 设计任务及要求

(1) 设计任务

利用数字电子技术的知识,制作一个数字秒表。

(2) 设计要求

① 基本功能

a. 由 555 构成的单稳态触发器设计时钟发生器范围:小于等于 0.01 s。

b. 通过计数、译码显示实现数字秒表的演示。

② 拓展功能

a. 秒显示位数。

b. 精度可调。

3. 系统设计

（1）系统原理框图的设计

数字秒表系统原理框图如图 6.4.1 所示。由 RS 触发器的一路输出 $\bar{Q}$ 作为单稳态触发器的输入,另一路输出 Q 通过与非门的用于时钟发器的输出的输入控制信号。

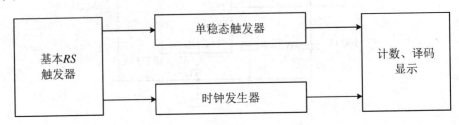

图 6.4.1　数字秒表系统原理框图

（2）单元电路的设计

① 基本 RS 触发器

图 6.4.2 是用集成与非门构成的基本 RS 触发器。属低电平直接触发的触发器,有直接置位、复位的功能。

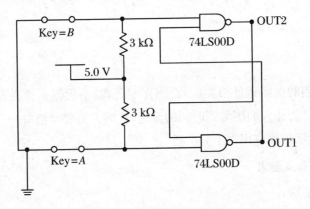

图 6.4.2　基本 RS 触发器

将其中的一路输出 $\bar{Q}$（OUT2）作为单稳态触发器的输入,另一路输出 Q（OUT1）作为 555 输出是否开启的输入控制信号。

按动按钮开关 B（接地）,则 OTU2 输出 $\bar{Q}=1$;OUT1 输出 $Q=0$,A 复位后,Q、$\bar{Q}$ 状态保持不变。再按动按钮开关 B,则 Q 由 0 变为 1,555 输出开启,为计数器启动做好准备。$\bar{Q}$ 由 1 变 0,送出负脉冲,启动单稳态触发器工作。

基本 RS 触发器在数字秒表中的职能是启动和停止秒表的工作。

② 单稳态触发器

图 6.4.3 是用集成与非门构成的微分型单稳态触发器。

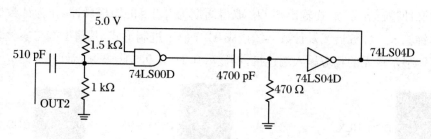

图 6.4.3　微分型单稳态触发器

当图 6.4.2 中 B 为 0 时，OUT2 输出为 1，OUT1 为 0，再按开关 B，OUT1 由 0 变成 1，555 输出开启，OUT2 由 1 变为 0，送出负脉冲，启动单稳态工作。单稳态触发器在数字秒表中的职能是为计数器提供清零信号。

③ 时钟发生器

图 6.4.4 是用 555 定时器构成的多谐振荡器，是一种性能较好的时钟源。

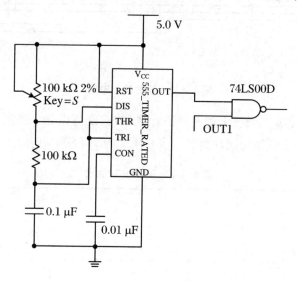

图 6.4.4　时钟发生器

调节电位器 R_W，使在输出端 3 获得频率为 50 Hz 的矩形波信号，当基本 RS 触发器 $Q=1$ 时，图中与非门开启，此时 50 Hz 脉冲信号通过与非门作为计数脉冲加于计数器①的计数输入端 CP_2。

④ 计数、译码显示

二-五-十进制加法计数器 74LS90,是一集成异步计数器,用 74LS90 构成电子秒表的计数单元,如图 6.4.5 所示。其中计数器①接成五进制形式,对频率为 50 Hz 的时钟脉冲进行五分频,在输出端 Q_D 取得周期为 0.1 s 的矩形脉冲,作为计数器②的时钟输入。计数器②及计数器③接成 8421 码十进制形式,其输出端与实验装置上译码显示单元的相应输入端连接,可显示 $0.1 \sim 0.9$ s,$1 \sim 9.9$ s 计时。

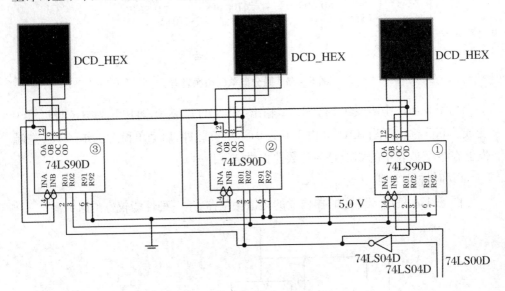

图 6.4.5 计数显示电路

74LS90 是异步二-五-十进制加法计数器,它既可以作二进制加法计数器,又可以作五进制和十进制加法计数器。表 6.4.1 为 74LS90 功能表。

表 6.4.1 74LS90 功能表

输入						输出				功能
清 0		置 9		时钟		Q_D	Q_C	Q_B	Q_A	
$R_0(1)$	$R_0(2)$	$S_9(1)$	$S_9(2)$	CP_1	CP_2					
1	1	0	×	×	×	0	0	0	0	清 0
1	1	×	0	×	×	0	0	0	0	
0	×	1	1	×	×	1	0	0	1	置 9
×	0	1	1	×	×	1	0	0	1	

续表

输入						输出				功能
清　0		置　9		时钟		Q_D	Q_C	Q_B	Q_A	
$R_0(1)$	$R_0(2)$	$S_9(1)$	$S_9(2)$	CP_1	CP_2					
				↓	1	Q_A 输出				二进制计数
				1	↓	$Q_D Q_C Q_B$ 输出				五进制计数
1	×	0	×	↓	Q_A	$Q_D Q_C Q_B Q_A$ 输出 8421BCD 码				十进制计数
×	0	×	0	Q_D	↓	$Q_A Q_D Q_C Q_B$ 输出 5421BCD 码				十进制计数
				1	1	不变				保持

通过不同的连接方式,74LS90 可以实现四种不同的逻辑功能,而且还可借助 $R_0(1)$、$R_0(2)$ 对计数器清零,借助 $S_9(1)$、$S_9(2)$ 将计数器置 9。其具体功能详述如下:

a. 计数脉冲从 CP_1 输入,Q_A 作为输出端,为二进制计数器。

b. 计数脉冲从 CP_2 输入,$Q_D Q_C Q_B$ 作为输出端,为异步五进制加法计数器。

c. 若将 CP_2 和 Q_A 相连,计数脉冲由 CP_1 输入,Q_D、Q_C、Q_B、Q_A 作为输出端,则构成异步 8421 码十进制加法计数器。

d. 若将 CP_1 与 Q_D 相连,计数脉冲由 CP_2 输入,Q_A、Q_D、Q_C、Q_B 作为输出端,则构成异步 5421 码十进制加法计数器。

e. 异步清零、置 9 功能。

异步清零:当 $R_0(1)$、$R_0(2)$ 均为"1";$S_9(1)$、$S_9(2)$ 中有"0"时,实现异步清零功能,即 $Q_D Q_C Q_B Q_A = 0000$。

置 9 功能:当 $S_9(1)$、$S_9(2)$ 均为"1";$R_0(1)$、$R_0(2)$ 中有"0"时,实现置 9 功能,即 $Q_D Q_C Q_B Q_A = 1001$。

(3) 整机电路的设计

数字秒表整机电路原理图如图 6.4.6 所示,其仿真源文件见封底二维码。

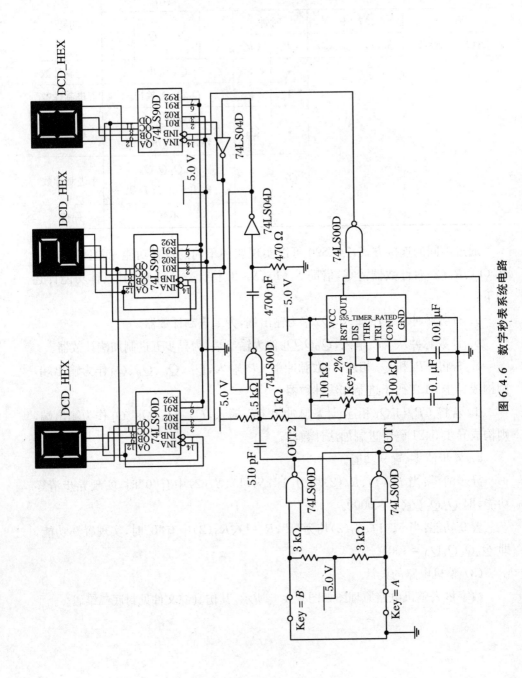

图 6.4.6 数字秒表系统电路

实训 5　简易电梯控制系统

1. 引言

随着人们生活水平的提高,生活的便捷性也在不断提高,电梯已成为人们日常生活中上下楼的重要代步工具。

2. 设计任务及要求

(1) 设计任务

利用数字电子技术的知识,采用中规模集成器件设计一个简易电梯控制系统。

(2) 设计要求

① 基本功能

a. 用一位数码显示管显示电梯行进 9 层楼所在楼层位置。

b. 电梯停车时,能响应每层楼电梯按钮的呼唤;电梯行进时,不响应电梯楼层按钮。

② 拓展功能

给出电梯停止、上行、下行指示,电梯运行时每层楼大约需要 2 s 的时间。

3. 系统设计

(1) 系统原理框图的设计

电梯控制系统设计框图如图 6.5.1 所示。首先能确认输入的楼层数,然后与电梯当前所在楼层数进行比较,再进行进一步工作:上行、等待、下行。在电梯运行过程中,此时按楼层无效,确保电梯上一比较后的工作完整性。电梯运行停止后,再确认楼层,进行新一轮的工作。

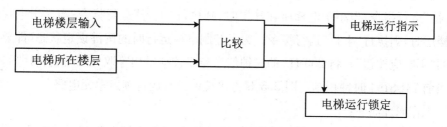

图 6.5.1　电梯控制系统设计框图

（2）单元电路的设计

① 电梯楼层输入与电梯所在楼层

输入按键识别用 74LS147 和 74LS194 实现。表 6.5.1 为 74LS147 功能表。

表 6.5.1　74LS147 功能表

输入									输出			
I1	I2	I3	I4	I5	I6	I7	I8	I9	D'	C'	B'	A'
H	H	H	H	H	H	H	H	H	H	H	H	H
×	×	×	×	×	×	×	×	L	L	H	H	L
×	×	×	×	×	×	×	L	H	L	H	H	H
×	×	×	×	×	×	L	H	H	H	L	L	L
×	×	×	×	×	L	H	H	H	H	L	L	H
×	×	×	×	L	H	H	H	H	H	L	H	L
×	×	×	L	H	H	H	H	H	H	L	H	H
×	×	L	H	H	H	H	H	H	H	H	L	L
×	L	H	H	H	H	H	H	H	H	H	L	H
L	H	H	H	H	H	H	H	H	H	H	H	L

如表 6.5.1 所示，输出采用反码方式，故输出接入反向器再作为 74LS194 的输入端。图 6.5.2 为电梯楼层输入与所在楼层单元电路。

② 比较单元及电梯运行锁定

应用 74LS85 比较输入楼层数与当前电梯所在楼层是否一致，当一致时，执行"等待"运行指令；当小于电梯所在楼层时，则执行"上行"运行指令；当大于电梯所在楼层时，则执行"下行"运行指令。为了控制电梯运行时的按键锁定状态（即要求中的"不响应按钮"），将 200 Hz 的时钟信号与比较结果相等取反在与门作用后，实现当前 74LS194 时钟控制。图 6.5.3 为比较单元及运行锁定单元电路。

工作原理简述：

a. 当电梯与楼层数在同一楼层时，输出结果相等为"1"，取反后为"0"。当不为同一楼层时，输出结果相等为"0"，取反后为"1"，满足 74LS194 上升沿的时钟信号，故能输入楼层数。

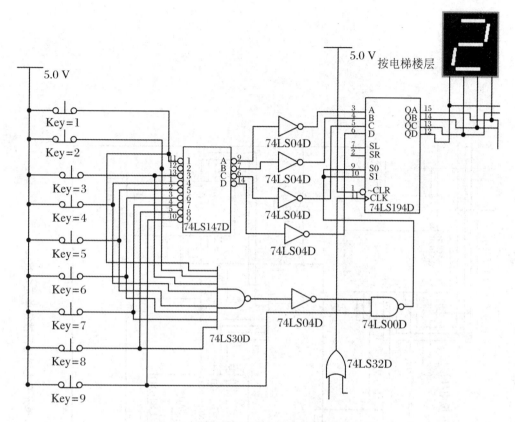

图 6.5.2   电梯楼层输入与所在楼层单元电路

b. 当电梯与楼层数在不同一楼层时,输出结果相等为"0",取反后为"1"。当为同一楼层时,输出结果相等为"1",取反后为"0",不满足 74LS194 上升沿的时钟信号,故此时不能输入楼层数。

③ 电梯运行指示

图 6.5.4 为电梯运行及指示电路。电路中两片同步十六进制 74LS161 同步级联组成二百进制的计数器,由于 74LS161 是下降沿触发的,所以在低位片的输出端 CO 端需要加反相器。二百进制计数器的功能主要是分频,将 200 Hz 的时钟信号分解成 1 Hz 的时钟,用来作为电梯运行指示灯的(若此时运行指示灯交替闪烁,为正在运行)时钟脉冲;另外通过非门,产生占空比为 50% 的 2S 的周期信号为电梯每层楼运行时间脉冲。

(3) 整机电路的设计

简易电梯控制系统整机电路原理图如图 6.5.5 所示,其仿真源文件见封底二维码。

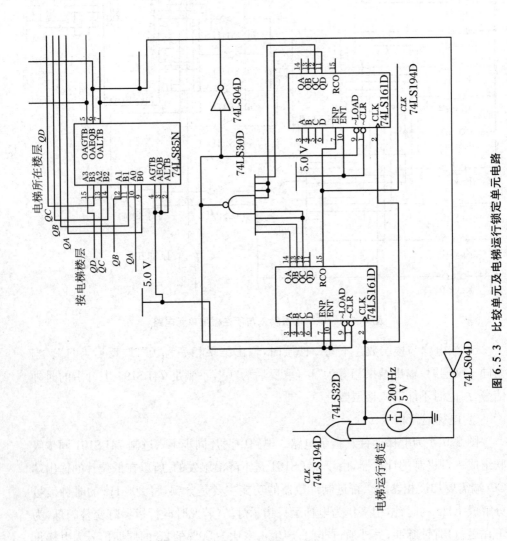

图 6.5.3 比较单元及电梯运行锁定单元电路

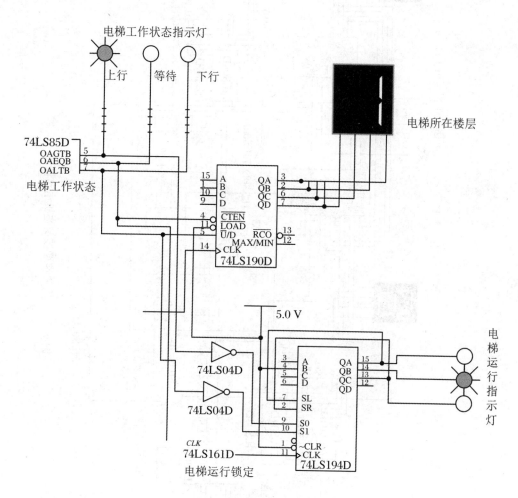

图 6.5.4　电梯运行及指示电路

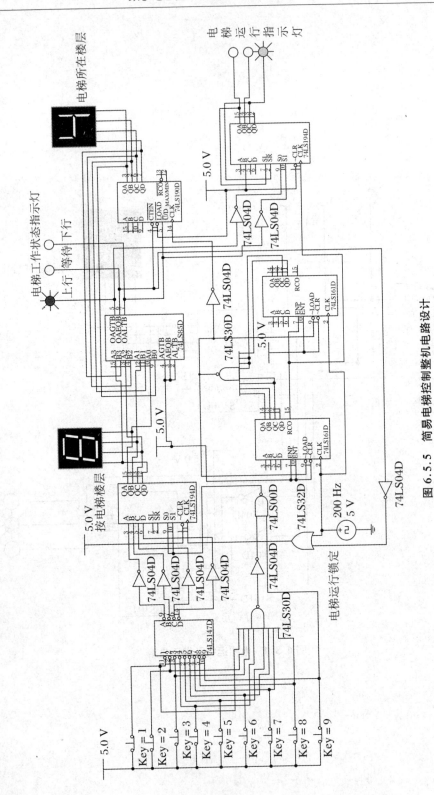

图 6.5.5　简易电梯控制机整机电路设计

实训 6　电子密码锁

1. 引言

随着人们生活智能化的改变,电子密码锁应用越来越广泛,电子密码锁的安全性与稳定性,是人们日常生活的重要保障。

2. 设计任务及要求

(1) 设计任务

利用数字电子技术的知识,采用中规模集成器件设计一个电子密码锁。

(2) 设计要求

① 基本功能

a. 用电子器件设计制作一个密码锁,使之在输入正确的代码时开锁。

b. 在锁的控制电路中设一个可以修改的 4 位代码,当输入的代码和控制电路的代码一致时锁打开。

c. 用红灯亮、绿灯灭表示关锁,绿灯亮、红灯灭表示开锁。

② 拓展功能

设置倒计时电路和自锁电路。如果密码在 5 s 内未能输入正确则发出报警声,并且自锁电路。

3. 系统设计

(1) 系统原理框图的设计

如图 6.6.1 所示为电子密码锁设计框图。通过按键输入十进制,利用 74LS147 将输入的十进制转换为二进制,完成信号的识别,再通过 8 片四位寄存器 74LS194 实现存储功能,其中 4 片用来存储预置密码,另 4 片则用来存储输入的密码,再将存储的 4 位预置密码与输入的 4 位十进制密码与之相比较,当相同时,锁开,否则锁不开。表 6.6.1 为 74LS147 集成器的功能表。

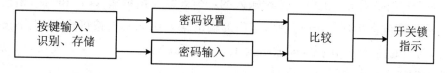

图 6.6.1　电子密码锁设计框图

表 6.6.1　74LS147 功能表

输入									输出			
$I1$	$I2$	$I3$	$I4$	$I5$	$I6$	$I7$	$I8$	$I9$	D'	C'	B'	A'
H	H	H	H	H	H	H	H	H	H	H	H	H
×	×	×	×	×	×	×	×	L	L	H	H	L
×	×	×	×	×	×	×	L	H	L	H	H	H
×	×	×	×	×	×	L	H	H	H	L	L	L
×	×	×	×	×	L	H	H	H	H	L	L	H
×	×	×	×	L	H	H	H	H	H	L	H	L
×	×	×	L	H	H	H	H	H	H	L	H	H
×	×	L	H	H	H	H	H	H	H	H	L	L
×	L	H	H	H	H	H	H	H	H	H	L	H
L	H	H	H	H	H	H	H	H	H	H	H	L

通过用按键输入 4 位十进制数字,输入密码要存储。比较输入密码和原始密码。如果输入密码正确,给出开锁信号,开锁信号用一个绿色指示灯表示,绿灯亮表示密码输入正确;如果输入密码不正确,用红灯表示。

用 74LS147 译码器把按键输入转化为二进制。通过 8 片四位寄存器 74LS194 实现密码功能,其中 4 片用来存储预置密码,另外 4 片则用来存储输入的密码。

(2) 单元电路的设计

① 按键输入和按键信号识别

图 6.6.2 为按键输入电路,左边的是按键,按键 1,2,…,9,0 分别对应数字 1～9,0。按键的一边接了高电平,另一边接到 74LS147 的输入端。当有按键被按下去的时候,74LS147 和按键连接的输入端就会变为低电平。此时,74LS147 工作,把输入按键端的输入信息转化为二进制码。例如,当 1 被按下去时,74LS147 的输入1 端就会输入一个低电平,然后在 74LS147 和非门共同作用下,把该信息转化为二进制码 0001。

4 个与门是用来检测键盘按键输入的。当键盘有按键输入时,和与门相连的与门输入端就会出现一个低电平,与门的输出就为 0,表示有按键输入,当不按按键时,与门的输出为高电平,即输出为 1。由于 74LS147 芯片是反码输出,所以要在输出端接上一个非门。

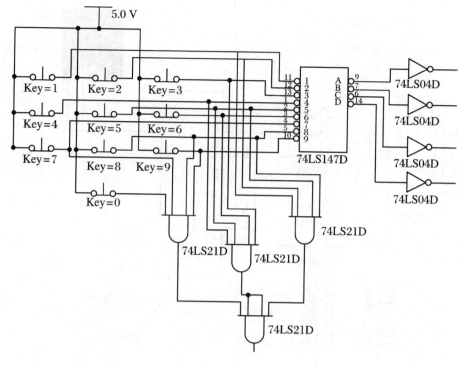

图 6.6.2　按键输入

② 数据储存

数据的存储用到 74LS194，控制数据的存储功能也用到 74LS194，它的主要功能是选片存储。表 6.6.2 为 74LS194 功能表。在本次电子密码设计中，涉及 8 位数值的（4 位输入密码、4 位设置密码）存储，所以共有 8 个 74LS194 实现。图 6.6.3 所示电路为 1 位数值的存储电路。

表 6.6.2　74LS194 功能表

功能	输入									输出			
	CLK	CLR	S_1	S_0	S_R	S_L	A	B	C	D	Q_A	Q_B	Q_C	Q_D
清零	×	0	×	×	×	×	×	×	×	×	0	0	0	0
置数	↑	1	1	1	×	×	A	B	C	D	A	B	C	D
右移	↑	1	0	1	D_{S_R}	×	×	×	×	×	D_{S_R}	Q_A	Q_B	Q_C
左移	↑	1	1	0	×	D_{S_L}	×	×	×	×	Q_B	Q_C	Q_D	D_{S_L}
保持	↑	1	0	0	×	×	×	×	×	×	Q_{A^n}	Q_{B^n}	Q_{C^n}	Q_{D^n}
保持	↓	1	×	×	×	×	×	×	×	×	Q_{A^n}	Q_{B^n}	Q_{C^n}	Q_{D^n}

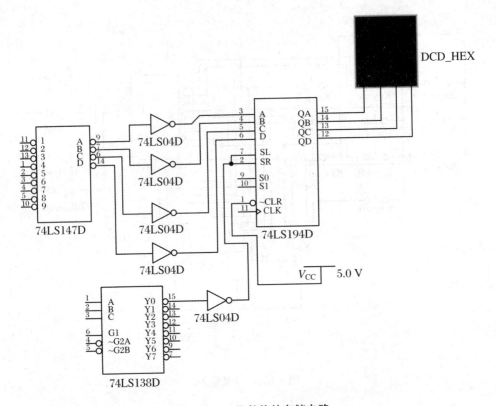

图 6.6.3　1 位数值的存储电路

图 6.6.4 中的开关 S 是控制电路的设置密码和输入密码功能的。74LS138D 是数据选择器,具有选片储存功能。

74LS138D 的 G_1 端输入为 1,实现数据选择功能。当 S 拨到下方时,74LS138D 的输入端 C 端就会置 1,这时候实现密码设置功能,此时 74LS138D 的输出端只在 $Y_4 \sim Y_7$ 之间工作。74LS138D 的一个输出端控制一个寄存器的读写功能。2 个双 D 触发器组成一个二进制加法器。每当键盘有按键输入时,触发器的时钟脉冲端就会用一个脉冲使触发器工作,加法器加 1。加法器的输出端接到 74LS138D 的输入端。当按键输入时,加法器每变化一次,74LS138D 的输出端选择上就变化一次,以选择不同的寄存器来读写数据。

③ 密码比较电路

密码比较电路主要是用了比较集成器 74LS85D。

比较的简化电路如图 6.6.5 所示。

74LS85 的 $AEQB$ 置高电平,即是该芯片的扩展部分的 $Q_A = Q_B$,使该芯片能正常比较输入的两组数据大小。分别作为输入密码寄存器和预设密码寄存器的输出端接上 74LS85D 的输入端,比较密码相同位的数据是否相同。当两者相同时,

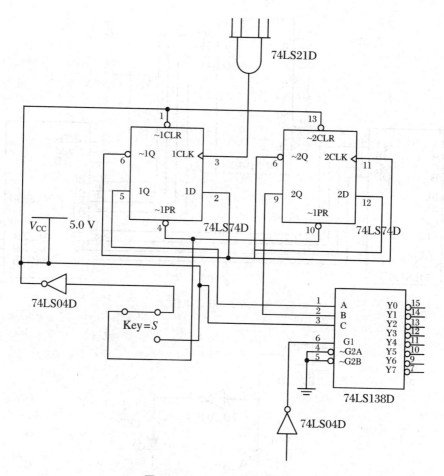

图 6.6.4　输入数据方式电路

74LS85D 的 *OAEQB* 输出 1,否则输出 0。依此类推,再把密码的不同位进行比较,用 4 个 74LS85D 芯片来比较密码,其 *OAEQB* 接四输入与门,用来比较 4 个密码是否都相等。

当密码有一位不相等时,74LS85D 的输出端就会输出 0,四输入与门就会输出 0。与门输出与开锁、关锁电路相连,开关锁电路就会识别该信号来决定是否开锁。

④ 开关锁指示电路

如图 6.6.6 所示,当与门输出为 0 时,LED1(绿色)灯亮;当与门输出为 1 时,LED2(红色)亮。LED1、LED2 分别为绿灯、红灯,分别代表着关锁、开锁。即当与门输出为 0 时,锁处于关闭状态;当与门输出为 1 时,锁处于打开状态。四输入与门的输入端接 4 个 74LS85 比较器输出 *OAEQB*。

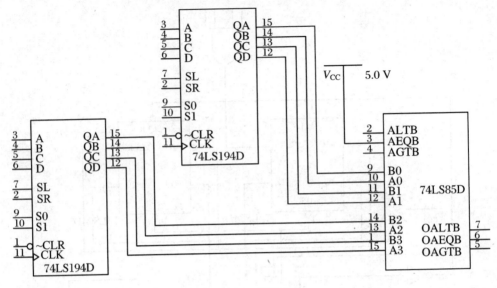

图 6.6.5　比较电路

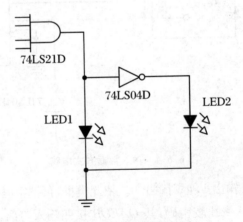

图 6.6.6　开关锁指示电路

⑤ 系统调试

首先设置好预设密码,把开关 S 拨到预设密码功能(下方,后 4 位为设置密码位),用按键开关输入 4 位十进制密码。输入时,数码管显示相应的密码。然后,把 S 开关拨向上方,打开输入密码功能。用按键开关输入相应的 4 位十进制密码。若密码正确,绿灯亮,红灯灭了。反之,当密码错误时,红灯就会亮,绿灯就会灭。

(3) 整机电路的设计

电子密码锁整机电路原理图如图 6.6.7 所示,其仿真源文件见封底二维码。

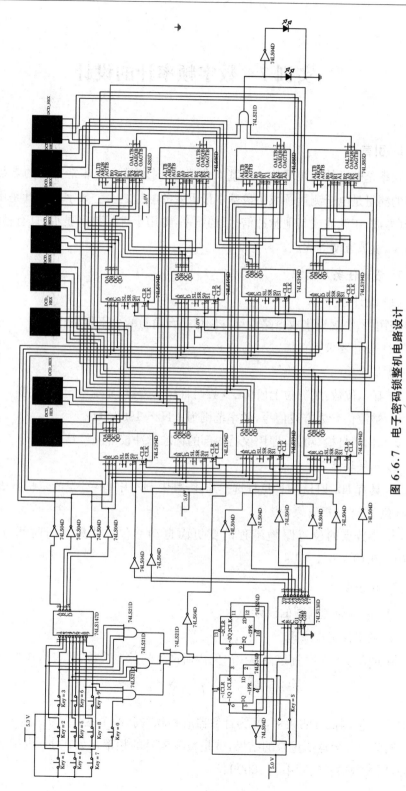

图 6.6.7　电子密码锁整机电路设计

实训 7　数字频率计的设计

1. 引言

频率是电子技术领域的一个基本参数,同时也是一个非常重要的参数,因此,频率的测量是电子测量领域中最基本最重要的测量之一。数字频率计是用于测量信号(方波、正弦波或其他脉冲信号)的频率,并用十进制数字显示,具有精度高、测量迅速、读数方便等优点。

2. 设计任务及要求

(1) 设计任务

使用中、小规模集成电路设计并制作一台简易的数字频率计。

(2) 设计要求

① 基本功能

a. 显示位数:用五位七段 LED 数码管显示读数,显示稳定、不跳变。

b. 被测信号为方波信号,频率范围为 1 Hz～100 kHz。

c. 具有"自检"功能,即用仪器内部的标准脉冲校准测量精度。

② 拓展功能

a. 具有 Hz、kHz 两种量程选择功能,其中 Hz 用"绿色"发光二极管表示,kHz 用"红色"发光二极管表示。

b. 小数点的位置跟随量程的变更而自动移位。计数闸门时间分为四档:0.001 s、0.01 s、0.1 s、1 s。

3. 系统设计

(1) 系统原理框图的设计

① 频率计工作原理

脉冲信号的频率就是在单位时间内所产生的脉冲个数,其表达式为

$$f = \frac{N}{T}$$

式中,f 为被测信号的频率,N 为计数器所累积的脉冲个数,T 为产生 N 个脉冲所需的时间。计数器所记录的结果,就是被测信号的频率。如在 1 s 内记录 1000 个脉冲,则被测信号的频率为 1000 Hz。

数字频率计首先必须获得相对稳定与准确的时间,同时将被测信号转换成幅度与波形均能被数字电路识别的脉冲信号,然后通过计数器计算这一段时间间隔内的脉冲个数,将其换算后显示出来,这就是数字频率计的基本原理。

② 简易频率计原理框图

简易频率计由控制门、计数器、数据锁存器、译码/驱动器、数字显示五部分组成,其原理框图如图 6.7.1 所示。

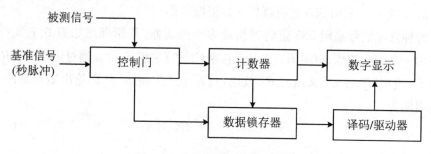

图 6.7.1　简易频率计原理框图

频率计信号波形如图 6.7.2 所示。当基准信号 CP_0 为高电平时,控制门打开,被测信号 CP 通过,作为十进制计数器的计数脉冲,计数器对计数器脉冲进行计数;当基准信号 CP_0 为低电平时,计数器计数结束。

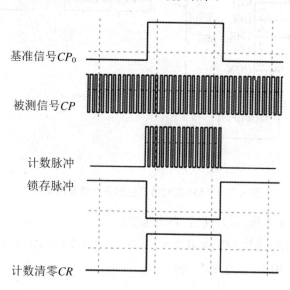

图 6.7.2　简易频率计波形

为了稳定显示计数值,必须将计数值锁存。当计数器计数结束时,锁存脉冲为上升沿,数据锁存器将计数值锁存,然后送到译码/驱动电路,经 LED 数字显示器将计数值显示出来。

在锁存器锁存数据显示后,计数器在计数清零脉冲作用下清零,等待基准信号 CP_0 下一个高电平到来时进行计数。

如果基准信号 CP_0 高电平时间为 1 s,则计数显示值即为被测信号的频率。

(2) 单元电路的设计

① 基准信号产生电路

a. 方案一 采用 555 定时器构成多谐振荡器

时钟脉冲信号采用 555 定时器构成多谐振荡器,其原理图如图 6.7.3 所示。电路由一个 555 芯片、电阻 R_1 和 R_2、电容 C_1 和 C_2 组成,V_{CC} 通过电阻 R_1、R_2 给电容 C_1 充电,然后 C_1 又通过 R_2 放电,过程中产生振荡,从而输出矩形脉冲。其振荡周期为

$$T = 0.7(R_1 + 2R_2)C_1 \tag{6.7.1}$$

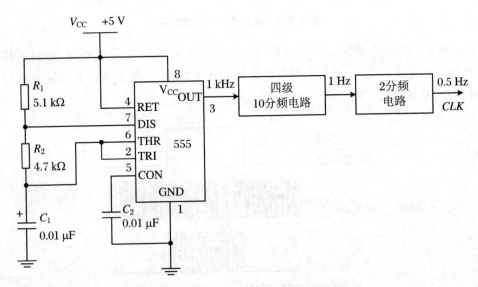

图 6.7.3　555 定时器产生的基准信号原理图

根据图中电路参数,由式(6.7.1)可推算:

$$T = 0.7(R_1 + 2R_2)C_1 = 0.7 \times (5.1 + 2 \times 4.7) \times 10^3 \times 0.01 \times 10^{-6}$$
$$= 0.0001015 \text{ s} = 0.1015 \text{ ms}$$

则振荡频率 $f = \dfrac{1}{T} = \dfrac{1}{0.1015} \text{ kHz} = 9.85 \text{ kHz} \approx 10 \text{ kHz}$

由 555 定时器产生的 10 kHz 矩形脉冲,通过四级 10 分频得到 1 Hz 的时钟脉冲,再通过 2 分频电路得到 0.5 Hz 的时钟脉冲,其高电平时间为 1 s。

基准信号仿真电路如图 6.7.4 所示,555 定时器构成的多谐振荡器产生

10 kHz 的矩形脉冲;4 个 74LS390 分别为十进制计数器,构成四级 10 分频电路;74LS74 构成 2 分频电路,从 Q 端输出 0.5 Hz 的时钟脉冲信号。

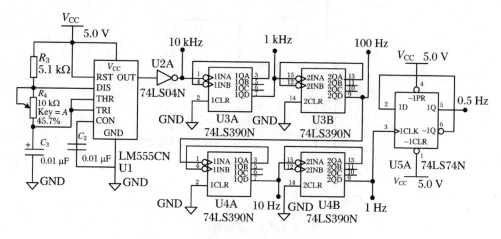

图 6.7.4　555 定时器产生基准信号仿真电路

b. 方案二　采用石英晶体振荡器

基准信号通常使用石英晶体振荡器输出的标准频率信号经分频电路获得,如图 6.7.5 所示,电路由 32.768 kHz 的晶振、2 个 CC40106 反向斯密特触发器 U_{20}:A 和 B、R_1、C_1 组成,通过 14 级二进制串行计数器 CC4020(U_{22}) Q_{14} 输出,得到频率为 2 Hz 的脉冲信号(即 32768 Hz 通过 2^{14} 分频),再经过 D 触发器 U_{23}:A 和 B 四分频得到 0.5 Hz 的脉冲信号,即高电平时间为 1 s 的基准信号。

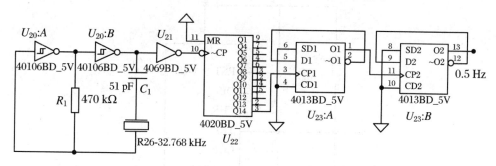

图 6.7.5　石英晶体振荡器产生基准信号仿真电路

② 控制电路

控制电路如图 6.7.6 所示。当基准信号为高电平时,与门打开,被测信号通过控制门送给十进制计数器,作为十进制计数器的计数脉冲,计数器进行计数。当基准信号为低电平时,与门关闭,十进制计数器无计数脉冲,不计数,处于保持状态。其计数、锁存、清零的时序如图 6.7.2 所示。

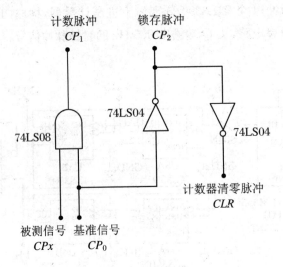

图 6.7.6　控制电路

③ 整形电路

由于被测信号种类繁多,有三角波、正弦波、方波等,所以要使计数器准确计数,必须对输入的被测信号波形进行整形。整形电路通常采用施密特集成触发器,施密特触发器可采用 555 定时器或其他门电路构成。由 555 定时器构成的整形电路如图 6.7.7 所示。

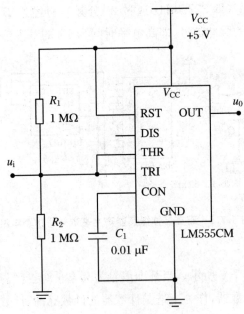

图 6.7.7　被测信号整形电路

④ 计数器、数据锁存器、译码显示单元

当计数器进入计数状态时,数据锁存器无锁存脉冲,数据显示不变;当计数器计数结束时,产生一个上升沿的锁存脉冲,数据锁存器将此时计数器的计数值锁存,此锁存数据经过译码/驱动,在 LED 显示器上显示稳定的数值;同时,计数器单元清零,准备下一次计数。

如果控制门打开的时间为 1 s,则显示值即为被测信号频率;如果控制门打开时间为 10 s,则显示值要除以 10,即显示小数点左移一位才为被测信号频率;如果控制门打开时间为 0.1 s,则显示值要乘以 10,即显示小数点右移一位才为被测信号频率。

计数器单元可采用具有异步清零功能的集成计数器实现,如 74 系列的 160、161、290 等。

数据锁存器单元可采用 D 锁存器实现,如 74 系列的 175 或 375 等。

译码/驱动显示单元可采用 74 系列的 48 和共阴七段字形显示器或 74 系列的 47 和共阳七段字形显示器。

(3) 整机电路的设计

数字频率计整机电路原理图的仿真源文件见封底二维码。

实训 8　简易函数发生器的设计

1. 引言

函数信号发生器作为一种常用的信号源,是现代测试领域应用非常广泛的通用仪器之一,在研制、生产、测试和维修各种电子元件、部件以及整机设备时,都要有信号源。信号发生器是电子测量领域中最基本、应用最广泛的一类电子仪器,可以产生多种波形信号,如正弦波、方波、三角波等,广泛用于通信、雷达、导航、宇航等领域。

2. 设计任务及要求

(1) 设计任务

使用一片集成运算放大器 LM324 和一片 D 触发器 74LS74,设计制作一个方波产生器输出方波,将方波产生器输出的方波四分频后再与三角波同相叠加输出一个复合信号,然后经滤波器后输出一个正弦波信号。

简易函数信号发生器由方波产生器、四分频电路、三角波产生器、同相加法器、低通滤波器五部分组成,其原理框图如图 6.8.1 所示。

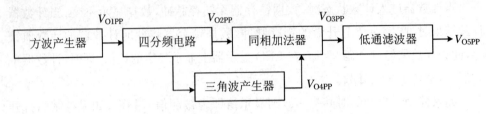

图 6.8.1　简易函数信号发生器原理框图

(2) 设计指标及要求

① 设计指标

a. 方波产生器：$V_{O1PP} = 3\ \text{V}(1 \pm 5\%)$，$f = 20\ \text{kHz} \pm 100\ \text{Hz}$，波形无明显失真。

b. 四分频参电路：$V_{O2PP} = 1\ \text{V}(1 \pm 5\%)$，$f = 5\ \text{kHz} \pm 100\ \text{Hz}$，波形无明显失真。

c. 三角波产生器：$V_{O3PP} = 1\ \text{V} \pm (1 + 5\%)$，$f = 5\ \text{kHz} \pm 100\ \text{Hz}$，波形无明显失真。

d. 同相加法器：$V_{O4PP} = 2\ \text{V} \pm 5(1 + \%)$，$f = 5\ \text{kHz} \pm 100\ \text{Hz}$，波形无明显失真。

e. 滤波器：$\text{V}_{O5PP} = 3\ \text{V}(1 \pm 5\%)$，$f = 5\ \text{kHz} \pm 100\ \text{Hz}$，输出负载电阻为 600 Ω，波形无明显失真。

f. 电源要求：整个系统选用 + 5 V 单电源供电，不得使用额外电源。

② 设计要求

a. 由 LM324 构成的多谐振荡器产生 $f = 20\ \text{kHz}$，$V_{PP} = 3\ \text{V}$ 的方波 V_{O1}。

b. 方波 V_{O1} 经过 74LS74 组成的 2 位二进制加法计数器(四分频电路)得到 $f = 5\ \text{kHz}$，$V_{PP} = 1\ \text{V}$ 的方波 V_{O2}。

c. 方波 V_{O2} 经过 LM324 构成的积分运算电路得到 $f = 5\ \text{kHz}$，$V_{PP} = 1\ \text{V}$ 的三角波 V_{O3}。

d. 将方波 V_{O2} 和三角波 V_{O3} 作为两个输入信号接入 LM324，构成同相加法器，得到 $f = 5\ \text{kHz}$，$V_{PP} = 2\ \text{V}$ 的输出 V_{O4}。

e. 将 V_{O4} 通过 LM324 构成的低通滤波器滤出高次谐波得到 $f = 5\ \text{kHz}$，$V_{PP} = 3\ \text{V}$ 的正弦波输出 V_{O5}。

3. 系统设计

(1) 单元电路的设计

① 方波产生器

方波产生电路如图 6.8.2(a)所示,是在迟滞比较器的基础上增加了一个由 R_f、C 组成的积分电路,输出 u_o。通过 R_f、C 反馈到比较器的反相输入端。在比较器的输出端接入了双向稳压管,组成了一个双向限幅方波发生器。

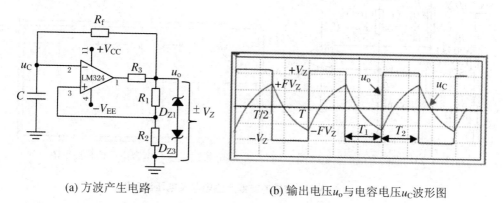

(a) 方波产生电路　　　　　　　(b) 输出电压u_o与电容电压u_C波形图

图 6.8.2　方波产生电路工作原理图

由图 6.8.2(a)可知,电路的正反馈系数为

$$F = \frac{R_2}{R_1 + R_2} \tag{6.8.1}$$

图 6.8.2(b)中表示在方波的一个典型周期内,输出电压 u_o 及电容上的电压 u_C 波形。

设在 $t = 0$ 时,$u_C = -FV_z$,则在 $T/2$ 时间内,电容上的电压 u_C 将以指数规律由 $-FV_z$ 向 $+V_z$ 方向变化,电容上的电压随时间变化规律为

$$u_C(t) = V_z\left[1 - (1 + F)\mathrm{e}^{-\frac{t}{R_f C}}\right] \tag{6.8.2}$$

设 T 为方波的周期,当 $t = T/2$ 时,$u_C(T/2) = FV_z$,代入式(6.8.2)可得

$$u_C\left(\frac{T}{2}\right) = V_z\left[1 - (1 + F)\mathrm{e}^{-\frac{t}{R_f C}}\right] \tag{6.8.3}$$

对式(6.8.3)中的 T 求解,可得

$$T = 2R_f C\ln\frac{1+F}{1-F} = 2R_f C\ln\left(1 + 2\frac{R_2}{R_1}\right) \tag{6.8.4}$$

由式(6.8.4)可知,输出方波的频率 f 由 R_f、C、R_1、R_2 决定,改变 R_f、C、R_1、R_2 的值可调节方波的频率。调节 R_f 或 C 可作为频率的粗调,调节 R_1、R_2 可作为频率的微调。

由 LM324 构成的方波产生电路如图 6.8.3 所示,其中图 6.8.3(a)为仿真电路图,图 6.8.3(b)为仿真波形图。

② 低通滤波器

二阶有源低通滤波电路如图 6.8.4 所示,是由两节 RC 滤波电路和同相比例放大电路组成,特点是输入阻抗高,输出阻抗低。

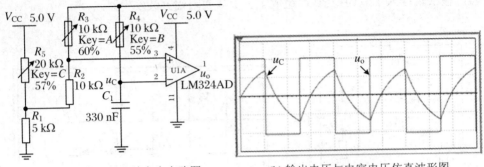

(a) LM324构成的方波产生电路图　　　　(b) 输出电压与电容电压仿真波形图

图6.8.3　LM324 构成的方波产生电路及电压波形图

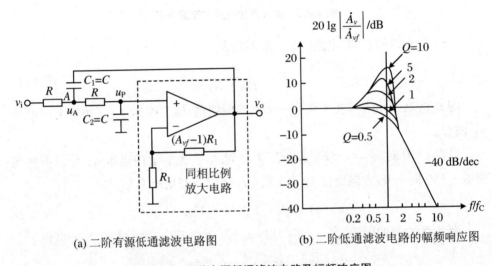

(a) 二阶有源低通滤波电路图　　　　(b) 二阶低通滤波电路的幅频响应图

图6.8.4　二阶有源低通滤波电路及幅频响应图

其幅频响应和相频响应分别为

$$20\ \lg \left| \frac{A(\mathrm{j}\omega)}{A_\mathrm{o}} \right| = 20\ \lg \frac{1}{\sqrt{\left[1 - \left(\dfrac{\omega}{\omega_\mathrm{c}} \right)^2 \right]^2 + \left(\dfrac{\omega}{\omega_\mathrm{c} Q} \right)^2}} \tag{6.8.5}$$

$$\varPhi(\omega) = -\arctan \frac{\omega / (\omega_\mathrm{c} Q)}{1 - \left(\dfrac{\omega}{\omega_\mathrm{c}} \right)^2} \tag{6.8.6}$$

式中，$A_\mathrm{o} = A_{vf} = 1 + \dfrac{R_\mathrm{f}}{R_1}$ 为通带电压增益；$\omega_\mathrm{c} = \dfrac{1}{RC}$ 为特征角频率；$Q = \dfrac{1}{B - A_{vf}}$ 为等效品质因数。

(2) 整机电路的设计

简易函数信号发生器整机电路原理图的仿真源文件见封底二维码。

实训 9　拔河游戏机的设计

1. 引言

电子拔河游戏机是一种能容纳甲乙双方参赛或甲乙双方加裁判参赛的三人游戏电路。由一排 LED 发光二极管表示拔河的"电子绳"。由甲乙二人通过按钮开关使发光的 LED 向自己一方的终点移动,当亮点移到任何一方的终点时,则该方获胜,连续比赛多局以定胜负。

2. 设计任务及要求

(1) 设计任务

利用数字电子技术的知识,设计一个电子拔河游戏机。

(2) 设计要求

① 基本功能

a. "电子绳"由不少于 15 个 LED 构成,裁判下达"比赛开始"命令后,位于"电子绳"中点的 LED 被点亮,以此作为拔河的中心线,游戏双方各持一个按键,迅速地、不断地按动产生脉冲,谁按得快,亮点向该方移动,每按一次,亮点移动一次。当亮点移到任一方终端二极管时,该方获胜。此时通过自锁功能锁定电路,双方按键均无作用,输出保持,只有经复位后才使亮点恢复到中心线。

b. 当裁判下达"比赛开始"命令后,甲乙双方才能输入信号;否则,由于电路具有自锁功能,输入信号无效。

c. 具有记分功能,即甲乙双方的某方赢一次,由计分电路自动给该方加分一次,并显示分值。通过多次比赛以定胜负。

② 拓展功能

a. 具有违规操作扣分功能。

b. 当亮点移动到某方终端位置时,具有报警功能。

3. 系统设计

(1) 系统原理框图的设计

电子拔河游戏机原理框图如图 6.9.1 所示,系统主要由信号输入电路、控制电路、可逆计数器、译码器、电子绳等组成。

以 15 个 LED 指示灯排列一行,用蓝色、红色各 7 个 LED 代表游戏双方,中间

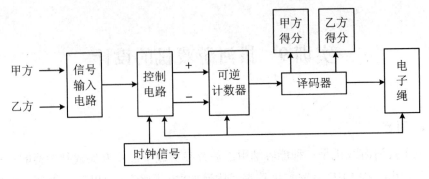

图 6.9.1　电子拔河游戏机原理框图

采用一个其他颜色的 LED（如绿色）表示中心线,开机后只有中间绿色 LED 亮。游戏双方各持一个按键,迅速地、不断地按动产生脉冲,谁按得快,LED 亮灯就向该方向移动。每按一次按键,经过整形电路后的脉冲进入计数器的加/减脉冲输入端,其进入方向则由参赛双方的按键信号决定,脉冲传送给计数器,计数器便计数一次,并通过译码器输出控制 LED,则 LED 灯就移动一次。

当任何一方终端 LED 灯亮时,这一方就获胜,由点亮该终点灯的信号使电路封锁加减脉冲信号的作用,即实现电路自锁,使加减脉冲无效,输出保持。经裁判按下控制电路的复位键后,亮灯恢复到中心线,重新开始下一局比赛。图 6.9.2 为电子拔河游戏机的设计框图。

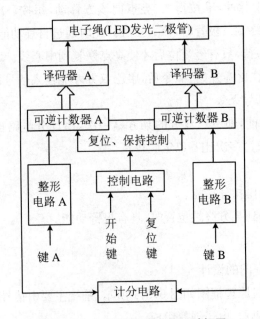

图 6.9.2　电子拔河游戏机设计框图

（2）单元电路的设计

① 信号输入电路（整形电路）单元

a. 信号输入电路

信号输入电路为可逆计数器单元提供计数脉冲，如图6.9.3所示。其中，上半部分为A选手的输入电路，下半部分为B选手的输入电路。A路由U1A、U2A构成 RS 触发器，B路由U1B、U2B构成 RS 触发器，产生"0""1"信号。

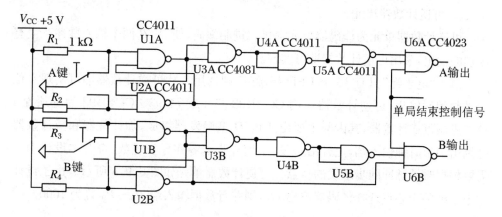

图6.9.3　信号输入电路（整形电路）图

以A路为例：U3A、U4A和U5A构成脉冲延时电路（整形电路），U6A为单局比赛结束控制门和防作弊功能。当裁判宣布比赛开始后，单局结束控制信号为"1"，U6A门打开，输入信号可以通过；单局比赛结束后，控制信号为"0"，U6A门关闭，A输出始终为"1"。B路原理相似。

"A键"置开关上端时，A输出为"1"，置开关下端时，A输出为"0"；置开关上端时，A输出又为"1"，等等。则A输出可产生"1→0"或"0→1"的脉冲。B路功能相似。

b. 整形电路

由于可逆计数器单元选择CC40193可逆计数器，控制加减的 CP 脉冲分别加至 CP_U 和 CP_D 端，此时当电路要求进行加法计数时，减法输入端 CP_D 必须接高电平；进行减法计数时，加法输入端 CP_U 也必须接高电平。若直接由A、B键产生的脉冲加到 CP_D 或 CP_U，那么就有很多时候在进行计数输入时另一计数输入端为低电平，使计数器不能计数，双方按键均失去作用，拔河比赛不能正常进行。加一整形电路，使A、B二键输出的脉冲经整形后变为一个占空比较大的脉冲，这样就减少了进行某一计数时另一计数输入为低电平的可能性，从而使每按一次键都有可能进行有效的计数。如图6.9.3所示，A路整形电路主要由U3A、U4A和U5A构成；B路整形电路主要由 U3B、U4B 和 U5B 构成。

c. 防作弊电路

如图 6.9.3 所示，以 A 路为例，当比赛正常进行时，单局结束控制信号为"1"。此时，如果 B 键一直按住不放（作弊），不论是 B 键置上端按住不放，还是 B 键置下端按住不放，U6B 门的另两个输入信号始终是一对相反的信号，则 U6B 门输出始终为"1"，比赛可正常进行。B 路功能相似。

② 可逆计数器单元

可逆计数器单元为译码器单元提供二进制编码，使 A、B 两个输入脉冲产生有区别的输出，采用可逆计数器即可实现。

由于"电子绳"只有 15 个 LED 指示灯，则选用一片可逆计数器即可实现 4 位二进制编码输出，可逆计数器选用 CC40193 芯片或 74193。CC40193 为可预置 4 位二进制可逆计数器，其内部主要由 4 位 D 型触发器组成，加计数器和减计数器分别由两个时钟输入端，上升沿触发，采用异步清零和异步置数，符合本设计中不需要根据时钟脉冲同步触发的特点。可逆计数器单元如图 6.9.4 所示。由于设计中电子绳的中心点选择译码器输出 O_8，则并行数据输入端 $P_3 \sim P_0$ 置为 1000。

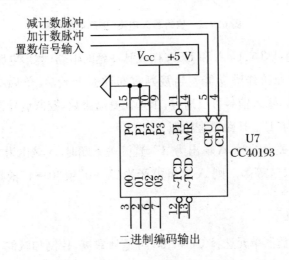

图 6.9.4 可逆计数器单元电路图

③ 译码器和电子绳单元

译码器采用 4 线-16 线译码器 CC4514，输出高电平有效。译码输出选用 $O_1 \sim O_{15}$ 端，O_0 不用，O_8 输出作为"电子绳"的中心。为了作图方便，15 个发光二极管采用灯泡代替，如图 6.9.5 所示。

比赛准备，译码器输入 $A_3 \sim A_0$ 为 1000，O_8 输出为"1"，中心处灯泡首先点亮，当编码器进行加法计数时，亮点向右移；进行减法计数时，亮点向左移。

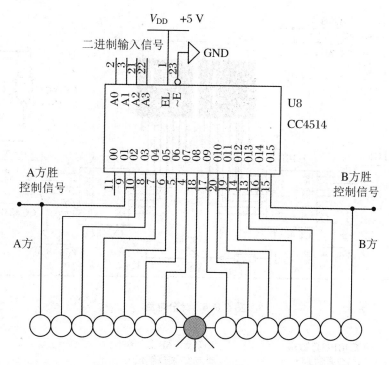

图 6.9.5 译码器和电子绳单元图

④ 计分电路单元

计分电路单元电路如图 6.9.6 所示。计数器选择同步加计数器 CC4518,译码/驱动器选择 CC4511。CC4518 有两个时钟输入端 CP 和 EN,若用时钟上升沿触发,信号由 CP 输入,此时 EN 端为高电平"1";若用时钟下降沿触发,信号由 EN 输入,此时 CP 端为低电平"0"。

将"电子绳"的两端,即译码器的输出 O_1、O_{15} 分别通过非门(CC4011 构成)作为 CC4518 的计数脉冲。当灯亮到端点时(如右端),O_{15} 输出从"0"变"1",经过 U9B,B 方就产生一个下降沿的计数脉冲。当任意一方取胜时,该方终端输出高电平,发光二极管点亮,产生一个上升沿,经过非门就得到一个下降沿的计数脉冲,使相应的计数器进行加 1 计数,于是就得到了双方取胜次数的显示。若一位数显示不够,则可进行二位数的级联。

⑤ 控制电路

为能实现一场游戏进行多局比赛,如"5 局 3 胜",设置了控制电路。其中有"清零"和"开始"操作,如图 6.9.7(b)所示。

"清零"按键是一场游戏开始前,要对"计分电路"的计数器 CC4518 和"可逆计数器"CC40193 清零。CC4518 和 CC40193 都是高电平异步清零,当置"清零"按键

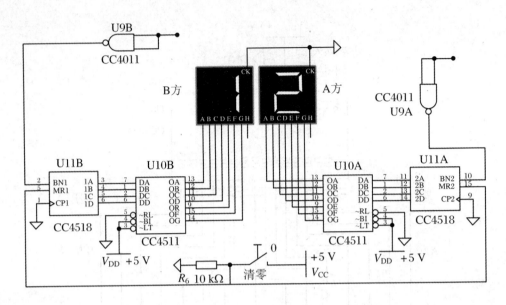

图 6.9.6　计分电路

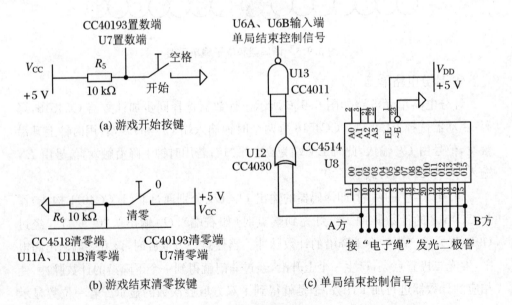

(a) 游戏开始按键

(b) 游戏结束清零按键

(c) 单局结束控制信号

图 6.9.7　控制电路图

为高电平时,CC4518 和 CC40193 清零,正常工作时"清零"按键应置为低电平。

"开始"按键是一局比赛结束后要进行复位操作,使"电子绳"的亮点返回中心点,游戏开始按键如图 6.9.7(a)所示。

当一局比赛结束时,亮点移到任何一方的终端,判该方为胜,此时双方的按键均宣告无效,图 6.9.7(c)电路中用异或门 CC4030 和非门 CC4011 来实现。将双方终端(即译码器 CC4514 的 O_1 和 O_{15} 端)接至异或门(U12)的两个输入端,再经非门(U13)输出作为"单局结束控制信号"。当获胜一方为"1",另一方则为"0",异或门输出为"1",经非门产生低电平"0",封锁与非门 U6A 和 U6B,此局比赛结束。当要进行下一局比赛时,必须经过裁判置"开始"按键为"0",此时 CC40193 为置数状态,使"电子绳"的亮点返回中心点,"单局结束控制信号"为"1",比赛可正常进行。正常工作时"开始"按键应置为高电平。

(3) 整机电路的设计

拔河游戏机整机电路原理图的仿真源文件见封底二维码。

参 考 文 献

［1］ 何建新,曾祥萍.数字逻辑设计基础[M].2 版.北京:高等教育出版社,2019.

［2］ 康华光.电子技术基础:数字部分[M].6 版.北京:高等教育出版社,2013.

［3］ 罗杰,秦臻.电子技术基础(数字部分)学习辅导与习题解答[M].6 版.北京:高等教育出版社,2013.

［4］ 张亚君,陈龙.数字电路与逻辑设计实验教程[M].北京:机械工业出版社,2008.

［5］ 郭业才.数字电子技术实验仿真与课程设计教程[M].西安:西安电子科技大学出版社,2020.

［6］ 张红梅,唐明良,曹世华.数字电子技术仿真、实验与课程设计[M].重庆:重庆大学出版社,2018.

［7］ 郁汉琪.数字电路实验及课程设计指导书[M].北京:中国电力出版社,2007.

［8］ 吴慎山.数字电子技术实验与仿真[M].北京:电子工业出版社,2018.

［9］ 张新喜,许军,韩菊,等.Multisim 14 电子系统仿真与设计[M].2 版.北京:机械工业出版社,2019.

［10］ 彭厚德,夏锴,贺国权.电工电路实验与仿真[M].成都:西南交通大学出版社,2011.

［11］ 陈大钦,罗杰.电子技术基础实验:电子电路实验、设计及现代 EDA 技术[M].3 版.北京:高等教育出版社,2010.